U0163623

甲烷催化燃烧及反应动力学

杨仲卿　冉景煜　耿豪杰　祁文杰　著

科学出版社

北　京

内 容 简 介

甲烷是天然气、页岩气和煤层气中的主要可燃成分，通过燃烧释放能量是甲烷实现化学能向热能转变的重要方式。催化燃烧的方式不仅具有反应温度低、转化效率高、污染物排放少等优点，还可以拓宽甲烷的燃烧浓度下限，实现低浓度甲烷的能源化利用。本书从甲烷催化燃烧的反应活性与稳定性、甲烷在催化剂表界面的活化与断键，催化剂结构与甲烷反应的构效关系，以及燃烧反应动力学及甲烷催化燃烧分区和动力学几个方面进行论述，探讨甲烷在催化剂上的反应活性以及催化剂的热力学稳定性；分析甲烷和氧气在催化剂表界面的活化过程、解离过程以及催化断键性能；讨论核壳结构催化剂的合成以及与甲烷反应性能的构效关系；研究甲烷催化反应的动力学分区，并介绍应用动力学方法区分催化剂表面位点的方法。

本书适合环境工程、能源动力等专业的本科生、研究生，以及从事相关研究、设计、生产的科研人员参考。

图书在版编目(CIP)数据

甲烷催化燃烧及反应动力学 / 杨仲卿等著. — 北京：科学出版社，2021.11（2023.2 重印）
ISBN 978-7-03-070317-0

Ⅰ.①甲… Ⅱ.①杨… Ⅲ.①甲烷-催化燃烧-化学动力学 Ⅳ.①O623.11

中国版本图书馆 CIP 数据核字 (2021) 第 217801 号

责任编辑：刘　琳 / 责任校对：彭　映
责任印制：罗　科 / 封面设计：墨创文化

科 学 出 版 社 出版
北京东黄城根北街16号
邮政编码：100717
http://www.sciencep.com
成都锦瑞印刷有限责任公司 印刷
科学出版社发行　各地新华书店经销
*
2021 年 11 月第 一 版　　开本：787×1092 1/16
2023 年 2 月第二次印刷　　印张：9 1/2
字数：220 000
定价：128.00 元
（如有印装质量问题，我社负责调换）

前　　言

甲烷是天然气、页岩气和煤层气中的主要可燃成分，通过燃烧释放能量是甲烷实现化学能向热能转变的重要方式。催化燃烧的方式不仅具有反应温度低、转化效率高、污染物排放少等优点，还可以拓宽甲烷的燃烧浓度下限，实现低浓度甲烷的能源化利用。

甲烷催化燃烧是典型的气固表面反应，但在催化反应的研究中，尤其是表面反应，必须深入讨论反应过程的微观机理、非均相条件下分子、原子、自由基等物质与活性位点之间的相互作用，催化剂结构与反应效能之间的关系，反应速率与活性位点之间的关系等问题。目前，对甲烷的催化燃烧过程表面反应的关键影响物质或者吸附物的影响机制尚不清晰，氧分子的吸附或者甲烷 C—H 键的断裂在不同的氧气甲烷比下的区分尚需验证；甲烷催化反应控速步或反应速率有待深入探讨，催化剂结构及反应位点与反应速控步之间的关联尚不清晰。

本书针对以上关键科学问题，从甲烷催化燃烧的反应活性与稳定性、甲烷在催化剂表界面的活化与断键，催化剂结构与甲烷反应的构效关系，以及燃烧反应动力学及甲烷催化燃烧分区和动力学几个方面进行论述，着重介绍课题组十多年来的研究工作。本书分为 5 章，第 1 章主要介绍甲烷催化燃烧及动力学研究的背景意义，以及国内外的研究进展；第 2 章探讨甲烷在铂钯催化剂上的反应活性以及催化剂的热力学稳定性；第 3 章主要分析甲烷和氧气在催化剂表界面的活化过程、解离过程以及催化断键性能；第 4 章主要讨论核壳结构催化剂的合成及其与甲烷反应性能的构效关系；第 5 章讨论甲烷催化反应的动力学分区，并提出应用动力学方法区分催化剂表面位点的方法。

本书由重庆大学杨仲卿、冉景煜，西南大学耿豪杰，重庆理工大学祁文杰共同撰写完成，并由杨仲卿统稿。

本书的研究工作是在国家自然科学基金委、重庆市科技局、中央高校基本科研业务经费等项目的支持下完成的，在此表示诚挚的感谢。由于作者水平所限，书中疏漏和不足之处在所难免，恳请读者批评指正。

作者

2021.2

目　　录

第 1 章　绪论 ·· 1

1.1　甲烷催化燃烧及反应动力学研究概述 ··································· 1

1.2　甲烷催化燃烧及反应动力学特性的研究现状 ························ 3

 1.2.1　甲烷催化燃烧催化剂的研究现状 ································· 3

 1.2.2　甲烷催化燃烧机理的研究现状 ····································· 5

 1.2.3　甲烷催化燃烧反应动力学的研究现状 ························· 9

1.3　甲烷催化燃烧及反应动力学特性研究的需求与挑战 ············ 15

第 2 章　甲烷催化燃烧的反应活性及稳定性 ······························ 17

2.1　铂钯及其合金催化剂活性金属颗粒的物理化学特性 ············ 17

 2.1.1　催化剂的物相组成 ·· 17

 2.1.2　金属含量和颗粒分散度 ·· 19

 2.1.3　活性表面原子的价态 ··· 19

2.2　甲烷催化燃烧的反应活性 ·· 21

2.3　催化剂的热力学稳定性 ··· 22

 2.3.1　催化剂活性相热力学稳定性的计算 ····························· 22

 2.3.2　催化剂活性相的热力学稳定性分析 ····························· 23

2.4　本章小结 ·· 28

第 3 章　甲烷在催化剂表界面的活化及断键 ······························ 30

3.1　甲烷和氧气在 Pt、Pd 及其合金催化剂表面的活化过程 ········ 30

 3.1.1　氧气在 Pt、Pd 金属表面的吸附解离过程 ···················· 31

 3.1.2　催化剂不同氧化状态下甲烷的活化解离 ······················ 34

3.2　甲烷在 Pt、Pd 及其合金催化剂表面催化燃烧的反应机理 ····· 50

 3.2.1　不同氧分压下甲烷催化燃烧反应断键与动力学相关性 ······ 50

 3.2.2　反应产物对甲烷催化燃烧的作用机制 ························· 62

 3.2.3　实验结果与量子化学模拟结果对比 ····························· 65

3.3　本章小结 ·· 66

第 4 章　催化剂结构与甲烷反应性能的构效关系 ························· 68

4.1　核壳结构 Pd-Pt 催化剂的合成方法及其相分离过程 ············· 68

 4.1.1　核壳结构 Pd-Pt 催化剂的合成方法 ···························· 68

 4.1.2　核壳结构 Pd-Pt 催化剂晶粒模型及其高催化活性 ··········· 69

4.2　氧化态 Pd-Pt 催化剂表面的红外光谱与氧化趋势 ··············· 75

 4.2.1　CO 在单金属 Pd 和 Pt 催化剂氧化态表面的吸附规律 ······· 76

4.2.2 CO 在双金属催化剂氧化态表面的吸附规律 ················79

4.3 还原态 Pd-Pt 催化剂表面的红外光谱与活性位点区分 ··········82

4.3.1 CO 在 Pd-Pt 催化剂还原态表面的吸附规律 ·············82

4.3.2 催化剂表面位点的计算方法及其活性评价 ··············85

4.4 本章小结 ···91

第 5 章　甲烷催化燃烧反应分区及动力学 ··························93

5.1 甲烷在 Pt 催化剂上的催化反应分区 ······················93

5.1.1 甲烷在单金属 Pt 催化剂上的反应特性 ···············93

5.1.2 甲烷在 Pt 催化剂氧全覆盖区间 C(Pt) 上的催化反应 ······97

5.1.3 甲烷在 Pt 催化剂氧部分覆盖区间 B(Pt) 上的催化反应 ····100

5.1.4 甲烷在 Pt 催化剂金属位点区间 A(Pt) 上的催化反应 ·····104

5.2 甲烷在 Pd-Pt 核壳结构催化剂上的反应特性 ···············106

5.3 应用动力学方法区分 Pd-Pt 催化剂的表面位点 ·············111

5.4 催化剂晶粒模型 ···································116

5.4.1 单质 Pt 晶粒模型 ······························116

5.4.2 Pd-Pt 合金晶粒模型 ·····························119

5.5 Pd-Pt 催化剂各表面位点的真实反应活性及其动力学特性 ·······127

5.6 本章小结 ··129

参考文献 ··131

附录 I　全书主要符号意义 ·································144

第1章 绪 论

1.1 甲烷催化燃烧及反应动力学研究概述

能源是社会发展的动力，是经济发展的基础，是工业进步的前提，能源问题是全世界范围内的重大问题之一，如何高效利用能源、如何有效地储存能源以及如何开发清洁能源成为目前国内外学者研究的重中之重(Toscani et al., 2019; Zhang et al., 2019; Losch et al., 2019; Zhao et al., 2016; Shang et al., 2017; Ewbank et al., 2014)。如今世界各国对能源的需求量不断增大，甚至一些国家对于能源的需求和依赖逐年呈爆发式增长(Kumaresh and Kim, 2019; Yang et al., 2019; Huang et al., 2019; Li et al., 2019)。2018 年世界一次商品能源消费总量为 198.07 亿吨标准煤，化石燃料消耗量占全球能源总消耗量的 84.7%，可以看出，如今化石燃料仍然保持着不可替代的地位。在化石能源中石油消耗量为 66.55 亿吨标准煤，占化石燃料消耗量的 33.6%，位于化石燃料中的第 1 位；煤炭消耗量为 53.88 亿吨标准煤，占化石燃料消耗量的 27.2%，位于化石燃料中的第 2 位；天然气消耗量占化石燃料消耗量的 23.9%，位于化石燃料中的第 3 位；其次，水能和核能的消耗量分别为 13.47 亿吨和 8.72 亿吨标准煤，分别占化石燃料消耗量的 6.8% 和 4.4%(蔡万大, 2009; Wen et al., 2020)。综上可知，在世界范围内石油仍然占据着主导地位，是世界能源消费结构的巨头，但天然气等清洁能源在世界能源消费中发挥着日益重要的作用(Yang et al., 2016; Jang et al., 2018; Gancarczyk et al., 2018)。

2018 年我国能源消费总量为 46.67 亿吨标准煤，约占世界总能源消耗量的 23.6%，其中我国的煤炭消费比例高达 58.2%。煤炭开采的过程中，往往伴随着大量煤层气的排放，而煤层气中含有大量甲烷气体，且甲烷的浓度非常低(Guo et al., 2019;Li et al., 2019; Niu et al., 2019)。甲烷是一种强烈的温室气体，单位质量甲烷的温室效应约为二氧化碳的 21 倍左右(Zhan et al., 2019; Liu et al., 2014; Horvath et al., 2017; Yan et al., 2016)。我国的煤层气与页岩气一般存在于矿井或煤层中，其可能源化利用成分为甲烷气体。煤层气通常吸附在煤层表面或游离于煤层空隙中，是煤或烃类物质的伴生资源，属于非常规天然气，是近些年在国际上较为受追捧的清洁能源和化工原料。我国是煤炭资源较为丰富的国家，已探明的煤层气资源含量位居世界第三，接近 10 万亿立方米的水平。但技术方面欠缺或人为重视不足，导致在生产过程中每年大约有 135 亿立方米的煤层气或页岩气由于不能被有效收集或利用而排向大气。随着技术的进步与发展煤层气的抽采与可利用值达到了 30 亿立方米的规模，地面钻井开采的煤层气量可达到 50 亿立方米的规模，因此对煤层气的总体利用情况可达到接近 1000 亿吨标准煤的水平，或对等于 300 亿千瓦时的发电水平(Howarth et al., 2011; Kirschke et al., 2013; Bastviken et al., 2011; 杨仲卿等, 2013; 杨仲卿等, 2014)。我国煤层气资源丰富，在地下 2000m 范围内的煤层气，其资源量约为 36 万亿立方米的水平，华北平原和西北地区的煤层气分布量较多。全国大规模(大于 5000 亿立方米)煤层气盆地有 15 个,其中煤层气规模大于 1 万亿立方米的储气盆地有准噶尔盆地、海拉尔盆地、天山盆地、二连盆地、滇东黔西盆地、沁水盆地等。二连盆地的储气规模最大,其规模接近 2 万亿立方米的规模,沁水盆地资源储量为 1 万亿立方米,准噶尔盆地储量为 8000 亿立方米。从全球范围来看,地下 2000m 范围内煤层气资源储量在 240 万亿立方米的规模,是已探明的常规天然气规模的 3 倍左右。世界主要产煤国都十分重视煤层气的开发和利用,英美等国起步较早,应用采前抽取和空区抽取等方法,发展出了较为成熟的产业。美国页岩气资源极为丰富,且对页岩气的开采技术进行了长期的投资。随着水力压裂技术的日趋成熟,2015 年美国天然气的销售量达到了 7000 亿立方米的规模,美国页岩气开采的成功对全球页岩气的开发起到了促进作用(Anenberg et al., 2012; Ruppel et al., 2011; O'Connor et al., 2010; 耿豪杰等,2016)。

将甲烷直接排入大气,不仅会对大气中的臭氧层造成破坏,加剧温室效应,而且还会造成不可再生能源的浪费,不利于社会可持续性发展(Schuur et al., 2015)。近年来,减缓温室效应、节能减排、缓解能源危机成为国际社会关心的热点话题(Zhu et al., 2018; He et al., 2018; Lan et al., 2019; Yan et al., 2017; Al-Aani et al., 2019),随着居民生活水平的提高,以及环保意识的不断加强,世界对于改善能源短缺和环境污染不断提出更高的要求,发展能源节约型工业和大力度治理环境问题成为世界发展的大趋势和大背景,因此合理利用低浓度甲烷具有非常可观的经济价值和环保效益(Liu et al., 2017; Yan et al., 2019; Larsson et al., 2016; Zhang et al., 2018)。目前煤层气中甲烷的对空排放占比较大,现阶段对于浓度大于等于 30%的矿井抽采瓦斯的高效利用手段已经日趋成熟可靠,但是对于浓度低于 30%的低浓度甲烷的高效利用仍处于起步阶段(Jiang et al., 2005),并且对于甲烷浓度处于 0.1%~0.75%的超低浓度矿井乏风的脱氢和氧化过程以及反应机理,国内尚无成熟的研究。在低浓度甲烷的总排放量中,70%以上都是由于矿井乏风排放导致,并且矿井乏风中的甲烷典型平均浓度在 0.5%~0.75%(Zhang et al., 2016),由于甲烷具有高度对称且稳定的四面体结构,因此传统的直接燃烧技术非常难以实施,存在着稳定燃烧和着火非常困难等一系列问题(Karakurt et al., 2011),特别是当甲烷的浓度较低时,甲烷直接燃烧的温度非常高(接近 1200℃),在燃烧过程中会释放出大量的 NO_x(Arandiyan et al., 2013; Ma et al., 2020; Wang et al., 2020; Li et al., 2020; Xie et al., 2017; Wan and Fan, 2015; Xie et al., 2017; Zhang et al., 2014; Zhang et al., 2015),造成环境的二次污染。如今,催化燃烧技术是解决低浓度甲烷回收利用最有效的技术之一(Xiang et al., 2013; Qiao et al., 2011; Zhang et al., 2015; Zhang et al., 2016; Miao et al., 2019; Li et al., 2018),低浓度甲烷的催化燃烧技术能够大幅度降低甲烷的起燃温度和完全转化温度,基本上大约在 500℃的温度范围内,可以将甲烷完全氧化,并且副产物和副反应发生的概率大大降低,不仅如此,低浓度甲烷的催化燃烧技术还能够增大燃烧界限,减少氮氧化物等造成的二次污染,同时能够保持稳定燃烧(Geng et al., 2015; Geng et al., 2016)。低浓度甲烷的催化燃烧技术不仅能够有效利用低浓度甲烷气体,减少温室效应,提高不可再生能源的利用率,而且大大提高了低浓度甲烷燃烧的安全性和清洁性。因此,甲烷催化燃烧技术对于减缓温室效应、节能减排以及缓解能源危机具有非常重要的意义(Pu et al., 2017)。

1.2　甲烷催化燃烧及反应动力学特性的研究现状

1.2.1　甲烷催化燃烧催化剂的研究现状

　　研究甲烷催化燃烧的催化剂是研究甲烷催化燃烧的基础。对于催化燃烧而言，好的催化剂就是能够在低温下保持高的活性，在较高的温度下保持较好的热稳定性，具有良好的抗机械振动性能，不易失活以及具有较强的抗中毒性。因此，需要催化剂活性组分具有大的比表面积、合适的载体材料以及良好的孔隙结构。催化剂主要有贵金属催化剂、铝酸盐催化剂、钙钛矿型催化剂以及过渡金属复合型催化剂。尽管贵金属催化剂价格较贵，但是其具有较高的活性以及稳定性，并能在低温下实现点火，因而得到广泛的研究。甲烷催化燃烧可利用的金属催化剂有 Cu、Ru、Ag、Rh、Pd、Os、Ir 和 Pt 等（卢泽湘和吴平易，2008；范传凤，2016），其中 Pd、Pt 的研究和应用最为广泛。

　　Pd 催化剂在所有金属催化剂中具有最高的甲烷催化燃烧低温活性。特别对于微型汽轮机而言，其点火温度一般在 350℃ 以下，这就需要如 Pd 这样的具有较高低温活性的催化剂来实现起燃（Abbasi et al., 2012; Ahlström-Silversand and Odenbrand, 1997; Klikovits et al., 2007）。尽管如此，Pd 催化剂也存在一些缺陷：①在 700～800℃（转变温度和载体以及反应气氛有关），氧化钯会分解成为金属钯。当催化剂温度降低时，金属钯在氧化氛围下又能被氧化成氧化钯，而且氧化温度比分解温度低。因此，Pd 催化剂的活性存在较为严重的滞后作用，这会造成燃烧器在工作时变得不稳定。②虽然 Pd 催化剂在低温下能够实现点火，但重复使用多次后，Pd 催化剂的活性会明显降低，而且还不能在特定温度下保持长时间的高活性，因此，Pd 催化剂稳定性较差（Ribeiro et al.,1994; Ersson et al., 2003）。③当湿空气加入到燃料当中时，会造成 Pd 催化剂的 H_2O 中毒，虽然这种中毒在某种程度上是可逆的，但是在特定环境下会影响催化剂的正常工作（Burch et al.,1995; Gelin et al., 2003; Ciuparu et al., 2002）。Schwartz 等（2012）认为造成 Pd 催化剂 H_2O 中毒的原因是 OH 吸附自由基覆盖在催化剂表面上而形成 $Pd(OH)_2$ 相。

　　Pt 基催化剂也被认为是甲烷催化燃烧的优良催化剂。Pt 催化剂的催化特性和 Pd 催化剂有很大的不同，对其在甲烷催化燃烧中的催化特性的实验研究也较少（Gelin et al., 2003）。由于其简单的动力学机理，多数的研究仅是用于探讨燃烧器本身的性能。虽然它的活性在低温下不如 Pd 基催化剂那么高，但是其拥有较好的抗硫中毒属性，这个特性对于使用天然气作为能源动力的汽车来讲尤其重要（Kiene and Visscher, 1987; Cimino et al., 2010）。此外，由于 Pt 较强的还原性能，对甲烷第一步脱氢有较低的活化能，特别是在还原氛围下，Pt 表面存在较多的活性空位，因此，Pt 常常被用来作为甲烷部分氧化的催化剂从而制备合成气或者用来重整制氢（Pompeo et al., 2007; Tomishige et al., 2002; Nagaoka et al., 2001）。

　　关于 Pd 活性以及稳定性，很多研究者认为是表面 Pd 的价态发生了变化而导致的，对于金属 Pd 来讲，其价态为 0 价，而氧化态的 Pd 为+2 和+4 价，目前的研究一般是通过 X 射线光电子能谱（X-ray photoelectron spectroscopy, XPS）方法进行测量（Otto and Haack,

1992; Demoulin et al., 2003)。虽然如此, Pd 基催化剂在甲烷催化反应过程当中活性的变化是否是因为催化剂表面金属 Pd 价态的变化而导致的, 目前仍然是个争论性的问题 (Chenakin et al., 2014)。此外, 许多研究者认为 Pd 基催化剂的活性不仅是由于其表面金属原子的价态发生了变化, 还与其载体的类型有很大关系。特别地, 载体的类型会对 Pd 催化剂的氧化性、还原性以及热稳定性产生很大的影响。对于负载型的金属催化剂而言, 比较常见的载体有 ZrO_2, $\gamma\text{-}Al_2O_3$、SiO_2 和 $LaMnAl_{11}O_{19}$ 等。$\gamma\text{-}Al_2O_3$ 一般作为常用的催化剂载体, 当 Pd 负载时, $Pd/\gamma\text{-}Al_2O_3$ 在低温下有比其他催化剂载体更高的活性(Persson et al., 2006)。而 ZrO_2 作为 Pd 催化剂载体具有比 $\gamma\text{-}Al_2O_3$ 更好的热稳定性, 而且能促进负载金属 Pd 颗粒的再氧化(Ciuparu and Pfefferle, 2001), ZrO_2 载体的这个特点对于稳定催化燃烧非常重要。为了防止 Pd 催化剂在氧化剂再氧化过程中载体对于催化剂活性组分的钝化, 适当加入其他元素可起到很好的效果, 例如一些研究表明, 加入 Ce 在催化剂当中作助剂可以起到提高催化剂热稳定性的作用, 特别在 Pd 再氧化生成 PdO 过程中的作用尤为明显 (Ciuparu et al., 2002; Groppi et al., 1999; Farrauto et al., 1995; Thevenin et al., 2003; Colussi et al., 2004)。在 ZrO_2 上加入 Y_2O_3 后, Pd/ZrO_2 的载体部分会形成四方晶体型结构, 从而获得很好的热稳定性能(Turlier et al., 1987; Mercera et al., 1991)。SiO_2 和 $LaMnAl_{11}O_{19}$ 具有更高温度下的热稳定性能, 其中以 $LaMnAl_{11}O_{19}$ 更甚。Ersson 等(1998)的研究表明, $LaMnAl_{11}O_{19}$ 在 1200℃煅烧 4h 之后其比表面积可增加到 $28m^2/g$。

为了提高 Pd 催化剂的稳定性, 一种普遍采用的办法就是引入另外一种金属元素, 制备成双金属催化剂。近年来, 双金属催化剂在甲烷催化燃烧中的应用越来越受到关注。除了催化燃烧以外, 双金属催化剂已经应用于其他反应。对很多反应而言, 双金属催化剂可以明显改善催化剂的活性、稳定性以及选择性。正确选择催化剂的成分以及配比对催化性能有着重要的影响。Coq 和 Figueras(2001)认为电子效应、结构效应以及混合活性位点是造成双金属催化剂的催化性能不同于单金属催化剂的主要原因。但是, 目前对于双金属催化剂的反应机理仍然不清楚。PdAg 虽然不能提高 Pd 催化剂的性能, 但是 PdAg 催化剂能长时间使用并保持其催化活性(Amandusson et al., 2001; Bosko et al., 2010); Ryu 等(1999)研究了 Pd 添加 Ru 或者 Rh 对催化剂活性及抗硫中毒性能的影响, 实验结果表明 Ru/Pd=1.5/3wt%[①]配比的负载量具有很高的甲烷催化燃烧活性以及抗硫中毒性能, 而 Rh 添加到 Pd 当中并不能改善催化剂的抗硫中毒性能。此外, Reyes 等(2000)研究表明 $Pd\text{-}Cu/SiO_2$ 拥有比 Pd/SiO_2 更好的抗硫中毒性能。Persson 等(2006)报道了 Co、Rh、Ir、Ni、Pt、Cu、Ag 以及 Au 的掺杂对 Pd 基催化剂性能的影响, 研究表明 Pd-Pt 较其他双金属催化剂而言具有更高的反应活性。更重要的是, Pd-Pt 催化剂有比 Pd 单金属催化剂好得多的稳定性。

由于 Pd-Pt 催化剂的优良性能, 很多研究者都投入到进行 Pd-Pt 双金属催化剂的研究中来。Gremminger 等(2015)研究了 CO、NO_x 以及 SO_2 添加到 CH_4/Air 中对 Pd-Pt 催化剂活性以及耐用性能的影响: 这 3 种添加组分对催化剂的 BET 比表面积、催化剂的颗粒分散度以及 Pd 的价态都没有影响, 但是 CO 和 SO_2 会导致双金属相偏析效应的发生, 然而

---

① wt%指质量分数。

在 NO_x 气氛下偏析效应却不会发生。Abbasi 等(2012)比较了 Pd-Pt 与 Pt 的催化性能,结果显示,Pd-Pt 比 Pt 活性更好,然而 Pd-Pt 在湿空气氛围下,其活性将会降低,而 Pt 催化不会受到任何影响,因此,Pd-Pt 催化剂在动力学上更加接近 Pd 催化剂。多数研究表明,相比于单金属而言,添加 Pt 到 Pd 当中能显著地改善甲烷催化燃烧催化剂的活性和稳定性。Narui 等(1999)认为 Pd-Pt 双金属之所以有较好的甲烷催化燃烧稳定性,是因为 Pd-Pt 双金属高度分散在载体上与载体紧密结合,反应时可抑制催化剂颗粒结合成更大的颗粒。然而,Pd-Pt 催化剂的催化活性是否高于单金属 Pd 催化剂的仍然是一个具有争论性的问题。

目前,对于催化剂的优化已经做了非常大量的工作,一般研究者都是按照完全燃烧时的工况来研究催化剂的性能。对于变工况下以及催化剂燃烧反应的机理研究得较少,所以很有必要对特定类型的催化剂的催化反应机理做相应的研究,这对于制备高效催化剂和合理地控制产物与反应物来实现高效燃烧具有很重要的现实意义。

1.2.2 甲烷催化燃烧机理的研究现状

甲烷催化燃烧反应为放热反应,并且该反应一般忽略逆反应发生的可能,仅仅考虑正向反应放出大量热量的化学过程。甲烷的催化燃烧方程式如式(1.1)所示:

$$CH_4+O_2 \longrightarrow CO_2+H_2O \qquad \Delta H(298K) = -802 \text{ kJ/mol} \qquad (1.1)$$

甲烷催化燃烧过程可大致划分为 4 个具有不同反应特征的阶段(陈玉娟等,2014)(图 1.1):A 段为低温反应区(<300℃),反应速率取决于表面反应动力学;B 段为起始快速燃烧期,即反应速率迅速提高,反应强度迅速增大,因此代表着甲烷迅速着火的过程,在起始快速燃烧区中,微观的表面化学吸附以及宏观的传热传质过程主要影响甲烷催化燃烧的反应速率;C 段为中温反应区,在中温反应区中,甲烷催化燃烧的主要作用是传质控制,在这个反应区间温度不会发生较大改变,因此传质影响了反应速率变化;D 段为高温燃烧区(>800℃),在高温反应区中,传热传质非常剧烈,并且反应温度非常高,因此在这一阶段中,甲烷催化燃烧这一气-固相表面催化反应逐渐向均相(气-气相)反应进行过渡。

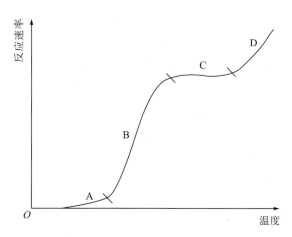

图 1.1 催化燃烧反应速率与反应温度的关系图

在甲烷的催化燃烧反应体系中，国内外学者普遍认为甲烷的催化燃烧并不是完全单一的反应过程，在 350～400℃ 的温度范围内通常认为是多相催化燃烧反应和均相自由基之间的反应同时进行(陈玉娟, 2014; Fan et al., 2018; Kachina et al., 2006; Stein et al., 1960)。对于复杂的甲烷催化燃烧机理，学术界有统一的说法和认识，在 Pt、Pd 等贵金属催化剂上，CH_4 的 C—H 键发生断裂，产生 CH_3 和 CH_2，随后在氧气的作用下生成 HCHO，接着 HCHO 解离生成 CO，随后继续深度氧化生成 CO_2。虽然甲烷催化反应机理已经非常清晰，但是在具体的应用条件下，或者在不同的催化剂上，甲烷反应机理会略有变化，同时基元反应的动力学和热力学不够明确，因此本书在后续的章节中会针对甲烷催化氧化过程，以及各基元反应动力学和热力学展开研究。可能的甲烷催化氧化机理如图 1.2 所示(王军威等, 2003)。

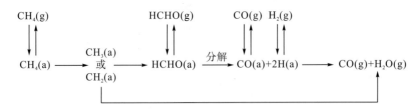

图 1.2　可能的甲烷催化氧化机理

甲烷的催化氧化活性是由不同的氧物种来控制，其中起到主要作用的氧物种为晶格氧 O_{latt} 以及表面氧 O_{sur}，甲烷催化燃烧进行到低温氧化阶段时，表面氧 O_{sur} 的提高能够使得催化剂的催化活性得到较大幅度的提高，而甲烷催化燃烧进行到高温氧化阶段时，晶格氧 O_{latt} 的提高能够使催化剂的催化活性得到较大幅度的提高。在负载型催化剂上 CH_4 与催化剂发生了化学吸附，产生了 CH_4^*(*表示吸附状态)，而在这个反应过程中 CH_4-CH_4^* 之间的吸附和解吸附平衡是反应速率非常快的反应过程；同时反应气中的气相氧与催化剂结合生成了一系列的表面氧 O_{sur} 和晶格氧 O_{latt}，学术上将这些化学氧称之为氧物种[O]。吸附态 CH_4^* 与催化剂提供的氧物种发生了一系列深度氧化的反应过程，这个反应过程的反应速率非常慢，因此可以认为 CH_4^* 与[O]的深度氧化过程是整个低浓度甲烷催化燃烧过程的速度决定步骤。

在甲烷催化燃烧过程中，甲烷的吸附以及甲烷活化过程是至关重要的环节，掌握甲烷催化燃烧过程中吸附物质的位点以及甲烷的活化能垒对于研究后续甲烷的催化氧化过程是非常重要的，同时也为后续反应过程奠定坚实的基础。国内外学者针对甲烷的吸附以及活化进行了非常广泛的研究，对于研究甲烷催化燃烧的反应过程具有非常好的指导和借鉴意义。Bunnik 和 Kramer(2006)主要研究了甲烷气体在 Rh(111)表面上的活化行为，同时研究了 CH_4 氧化过程中的 O、CH_3O 自由基以及中间体的吸附构型，通过模拟计算发现，CH_x 物种更加倾向于与 Rh(111)表面的 Hcp 吸附点位结合，而氧物种[O]同样倾向于 Hcp 点位，但其表现出非常强的稳定性，CH_3O 自由基与 Rh(111)表面的 Top 的结合能力最强，同时分别研究了 Rh(111)和 Ni(111)表面上 CH_4 的活化能力，其中 Rh(111)表面的表现非常优异，能够明显降低活化能垒。赵炳坤(2008)研究了 CH_4 在 Pd(111)晶面上的活化脱氢过程，其中—H、—CH 以及—CH_2 中间体与 Fcc 吸附位点结合的吸附能较大，而 C 主要倾向于 Hcp 点位的吸附，其中 CH_4 以及—CH_3 的脱氢过程中所需要的活化能垒较高。国内外学者针对甲烷活化和吸附过程展开研究后，同样也对甲烷的催化氧化以及催化的微观表现展开了研究。Yoshizawa(2001)研究发现 CH_4 分子在过渡金属催化剂上会与金属活性组分之间生成复合物质 M+(CH_4)(M=Cu，Ni，Co，Fe)，这能够明显降低甲烷催化氧化过程的活化能垒，同时甲烷在催化氧化过程中的过渡态物质的 C—H 键长度不一致，因此其极不稳定，非常容易进行催化氧化。催化剂的表面特性也对催化氧化反应有着非常重要的影响。Yuan 等(2013)对核壳结构双金属催化剂 Ni@Cu(100)晶面展开了研究，并且与 Cu(100)表面进行了对比研究，结果发现 Ni 的引入能够使得相对应的基元反应在 Ni@Cu(100)上的活化能垒比 Cu(100)上的活化能垒降低 40%，尤其是甲烷的活化过程 $CH_4 \longrightarrow CH_3+H$。Liu 等(2012)研究了双金属 Cu-Ni 的 Slab 模型，其模型具有非常好的抗积碳能力，能够明显提高催化剂的稳定性，并且与 Cu(111)表面相比，Cu-Ni 的 Slab 模型能够提高其催化氧化性能。

对于甲烷在 Pd 和 Pt 负载型催化剂上的完全燃烧动力学机理已经有许多的报道。实际上对于大多数的负载型催化剂而言，反应的条件由还原氛围到氧化氛围(贫燃到富燃)会影响活性位的变化，这一点非常重要，因为活性位的多少对探讨甲烷反应动力学非常重要。当甲烷在 Pd/Al_2O_3 催化剂上实现富氧燃烧时，研究表明其反应的速率和甲烷的浓度成正比，即反应级数为 1，而与 O_2 的浓度无关，反应级数为 0。Giezen 等(1999)利用 7.3wt%PdO-Al_2O_3 催化剂研究甲烷的氧化反应，也得到了相同的结论。反应的气体为 1vol%[①]的 CH_4，4vol%的 O_2，以及氦作为惰性气体。反应的表观活化能在 200~320℃测得。特别地，CO_2 在 0~5vol%浓度范围时对甲烷没有影响，而 H_2O 对甲烷的燃烧有强烈的抑制作用。在没有外来 H_2O 加入的情况下，H_2O 的抑制作用是由甲烷的转化率所决定的，其测得的表观活化能为 86kJ·mol^{-1}，这个数值介于其他研究者获得的 Pd 负载型催化剂甲烷燃烧的表观活化能 70kJ·mol^{-1} 和 90kJ·mol^{-1}(Ribeiro et al., 1994; Baldwin and Burch, 1990)。此外，当载体不同时，如 SiO_2、Al_2O_3 和硅酸铝盐，Muto 等(1996)研究表明载体对反应级数没有影响。

在大多数情况下，假定甲烷为一阶反应模型能够很好地解释甲烷在 Pd 基催化剂上的氧化反应动力学行为，特别是用于比较不同的 Pd 基催化剂时尤其适用(Aryafar and Zaera, 1997)。尽管如此，机械式模型更受研究者的青睐，这是因为这种模型考虑到了真实的气氛条件以及催化剂表面的物理化学形态。因此，在分析甲烷催化反应不同动力学区间的反应行为时通常采用这种理论。

对于 Pt 负载型催化剂来讲，在富氧燃烧时，有和 Pd 催化剂相似的反应级数，即 CH_4 和 O_2 的反应级数分别接近于 1 和 0。Cullis 和 Willatt(1983)对 Pt-Pd 在不同载体(Al_2O_3, TiO_2, SnO_2, ThO_2)，温度范围为 300~440℃，O_2：CH_4 摩尔比从 10：1 到 1：10 的不同情况下的甲烷氧化反应动力学进行了探讨。Ma 等(1996)分别对甲烷、乙烷和丙烷在 Pt/δ-Al_2O_3 的催化燃烧动力学进行了探讨。在此动力学的探讨中，甲烷的转化率小于 10%，空速为

---

① vol%指体积分数。

$35000\ h^{-1}$，甲烷和氧气的反应级数分别为 0.95 和-0.17。一些动力学的模型可用于解释甲烷的反应动力学过程，但是最符合实验结果的是利用 Langmuir-Hinshelwood 模型，即甲烷分子和吸附的氧原子进行反应。

Pd 在高氧分压（如空气中）条件下具有比 Pt 高得多的甲烷催化活性，但是在较低氧压情况下，Pt 基催化剂的活性要高于 Pd 基催化剂。Burch 和 Loader(1994)对 Pd/Al$_2$O$_3$ 和 Pt/Al$_2$O$_3$ 在低氧分压范围内的甲烷氧化活性进行了研究，结果表明 Pd/Al$_2$O$_3$ 的活性远低于 Pt/Al$_2$O$_3$。不管是在高氧分压情况下还是低氧分压情况下，甲烷的氧化是完全的，反应的含碳产物只有 CO$_2$，而且当 CO 加入包含 0.2 vol% CH$_4$ 和 1 vol% O$_2$ 的预混气体中，对 Pd 和 Pt 基催化剂催化甲烷氧化的反应活性都没有影响。但是，CO 具有比 CH$_4$ 更高的氧气选择性。

设计制造甲烷催化氧化反应器，这需要发展一种能够预测其在不同温度、不同压力以及不同组分情况下的反应动力学模型以预测其反应速率的快慢。负载型贵金属催化剂一般分为两种形态：金属态和氧化态。金属态的体相为金属相，表面上的氧一般为吸附氧，与金属之间的吸附能较低。这种情况下，甲烷解离的第一步一般为速率控制步骤(rate determining step, RDS)，研究反应动力学常采用 Eley-Rideal(ER) (Kratzer and Brenig, 1991) 和 Langmuir-Hinshelwood(LH) (Roberts and Satterfield, 1965; Kumar et al., 2008)两种机理进行解释，比如 Pt、Pd(p_{O_2}<1kPa)、Rh、Ag 以及 Au 等(Rettner, 1994; Campbell et al., 1979)；氧化态的体相为晶格氧与金属原子进行配位，气相氧气经吸附解离在金属表面而形成晶格氧，晶格氧的吸附能明显要大于吸附氧，在这种情况下，研究动力学机理一般采用 Mars-van Krevelen(MVK) (Mars and van Krevelen, 1954)氧化还原机理进行动力学建模，比如 PdO$_x$、RuO、CeO$_2$、TiO$_2$ 和 Co$_3$O$_4$ 等(Kim and Henkelman, 2012; Fujimoto et al., 1998; Broqvist et al., 2002; Almeida et al., 2011)。

尽管甲烷在 Pd 基催化剂上的催化燃烧动力学行为已经被很多研究者研究过，但是并没有对某一机理达成一致。Langmuir-Hinshelwood(Ahuja and Mathur, 1967; Groppi, 2003; Pitchai and Klier, 1986)、Eley-Rideal(Seimanides and Stoukides, 1986) 和 Mars-van Krevelen(Garbowski et al., 1994)三种机理都被用来解释甲烷在 Pd 基催化剂上的反应动力学行为。Firth 和 Holland(1969)用微热量式瓦特技术(microcalorimetric technique)研究了甲烷在 Pd 基上的深度氧化，研究结果表明，甲烷能够吸附在两种不同反应位置——金属原子位和晶格氧位。Langmuir-Hinshelwood 类型的甲烷氧化机理也被很多其他研究者提出并用来研究甲烷的吸附和甲烷中的 H 原子与其同位素氘的交换实验(Pitchai and Klier, 1986)。Ahuja 和 Mathur(1967)报道了这种模型需要的动力学数据在微分反应器形式下必须保证甲烷的反应速率应该低于 10%。但是，Groppi(2003)在一个试验台规模的环形积分反应器上进行了甲烷催化燃烧反应，所利用的动力学模型也为 Langmuir-Hinshelwood 模型。Garbowski 等(1994)利用纳米衍射技术、显微技术以及傅里叶红外光谱技术研究了 Pd/γ-Al$_2$O$_3$ 在甲烷氧化前后的物理化学性质，研究结果也表明了 MVK 反应机理模型很适合解释甲烷氧化的动力学机理。值得注意的是，许多发表的关于甲烷在 Pd 基催化剂上的研究表明表面 Pd 的氧化态对甲烷催化反应速率有非常重要的影响，而且都支持用 MVK

反应机理模型进行解释(Lyubovsky and Pfefferle, 1998; Datye et al., 2000; Au-Yeung et al., 1999; McCarty, 1995)。

尽管催化剂表面的动力学解释可以从 3 种方法出发,但是为了更深入地了解催化剂的表面结构及其对甲烷氧化的影响,需要借助实验以及密度泛函(density functional theory, DFT)方法来实现。Pd 和 Pt 在金属相时,其表面的结构很相似。在许多文献当中,一般都将 CH_4 的第一步解离作为整体氧化反应的速控步,虽然这并不十分准确,但是在大多数情况下都符合这个规律,这是因为 CH_4 的结构非常稳定,要解离它需要耗费大量能量。此外,甲烷从气相到催化剂表面要经历一个较大的熵减,熵减越大,其反应速率也越低。一般来讲,(111)和(100)表面被研究得最多,因为它们是 Pd 和 Pt 金属相表面最丰富的表面,特别是在催化剂颗粒较大时尤为明显(Trinchero et al.,2013; Lv et al., 2009; Zhang and Hu, 2002)。其中,由于(111)面为密堆积表面,所以其结构最稳定,因而被讨论得也最多。Zhang 等(2012)利用 Castep 模拟了 Pt(110)、(100)和(111)表面的甲烷解离活化能,结果表明,Pt(100)的甲烷解离活化能在 3 种表面中最低,而(111)表面为最高。此外,他们还对甲烷后续的脱 H 过程进行了研究,结果表明 $CH*+* \longrightarrow C*+H*$ 的过程活化能最高。除了(111)和(100)表面,也存在一些阶梯或空穴导致的新的表面,比如(211)和(321)。当然,当金属颗粒的分散度足够高时,晶面就没有什么特别的意义。Trinchero 等(2013)对甲烷在 Pd 和 Pt(111)、(100)、(211)及(321)的解离和氧化过程进行了研究,结果表明 Pt 比 Pd 活性更高,对于这两种金属而言,(100)表面的甲烷氧化反应活性最高,虽然其第一步甲烷解离活化能相比于阶梯型表面并不是最高的。阶梯型表面之所以活性较低,主要还是 OH 和 O 吸附时使活性位发生中毒导致的。

前面已经提到,Pd 基催化剂的活性相是否为 Pd 或者 PdO 目前还有争论。大多数的研究者的研究结果都倾向于甲烷解离主要是在 PdO 颗粒表面进行。对于体相氧化物,PdO(101)和 PdO(100)是最稳定的表面,这两种表面也是最丰富的 Pd 氧化物表面(Rogal et al., 2004; Westerström et al., 2011)。此外,PdO(101)被认为是在 Pd(100)表面生长的(Seriani et al., 2009)。利用扫描隧道显微镜(scanning tunneling microscope, STM)可以观测到 Pd(100)干净表面的薄层氧化物,但是当 CO 在表面氧化时,表面的氧化层的作用目前仍然存在争议(Hendriksen et al., 2004; Gao et al., 2009)。此外,Todorova 等(2003)利用低能电子衍射仪(low energy electron diffraction, LEED)研究了 Pd(100)表面上形成的(2×2)Pd(100)-($\sqrt{5} \times \sqrt{5}$)R27° 氧化物,主要的氧化物表面为 PdO(001)/Pd(100),PdO(100) PdO(001)/Pd(100)和 PdO(101) PdO(001)/Pd(100)。虽然很多研究者研究了催化剂的表面物理形态,但是对于 CH_4 在其表面的解离或者氧化过程少有研究。

1.2.3　甲烷催化燃烧反应动力学的研究现状

在研究甲烷催化反应的过程中,发现催化剂的结构通常能够直接影响催化反应活性。下面从催化剂结构的角度出发,探讨催化剂晶体颗粒的粒径、分散度、催化金属与载体之间的耦合以及双金属催化剂结构等,揭示催化剂结构与反应活性之间的对应关系。

1.2.3.1　单金属催化剂的结构及反应动力学

在前述章节中谈到了一些应用于甲烷催化反应的催化剂,大多数的过渡金属元素都能够在高温的条件下对甲烷的C—H键进行活化,因此大多数的过渡金属元素都具备对甲烷的催化反应性能,比如燃烧反应和重整反应,而其中的差别主要是在反应性能与甲烷转化率等方面(Li et al., 2012; Feng et al., 2012)。

适用于甲烷催化燃烧或催化重整反应的常用金属元素中,Fe、Co、Ni、Cu 是常见的过渡金属元素,这些元素量大且价格并不昂贵,但所形成的催化位点并不能够提供较高的催化反应性能,因此在利用这类元素作催化剂时,可以选择提高负载量的方式以促进催化反应的转化率(Pereira et al., 2012; Houshiar et al., 2014)。此外这些元素负载的催化剂具有机械强度好、耐久性高等特点。Ru、Rh、Pd、Ag、Ir、Pt、Au 等稀有贵金属元素同样适用于甲烷的催化反应,但金属性质的差异以及所处的氧化条件与氧化程度,使得上述贵金属的催化活性差异巨大(Chin et al., 2016; Pieck et al., 2002; Somodi et al., 2011; Dagle et al., 2007; Tao et al., 2008; Kratzer et al., 1996; Lapisardi et al., 2006)。

对单一金属元素催化性质的研究应重点放在规律的寻找方面(Geng et al., 2015),以Fe、Co、Ni、Cu 4 种金属为例,直接测试哪种金属的最佳反应温度或 T_{10}、T_{90}(转化率在10%和 90%)不具意义,更深层次的探讨可集中于结构,比如所负载催化剂的晶粒平均粒径、表面分散度,或反应动力学方面,比如反应限速步骤、活化能、活化熵、化学势和自由能等。对于 Fe、Co、Ni、Cu 这 4 种物质,研究发现它们都能够向C—H键提供表面吸附氧并将其活化,在 C—H 键的活化中涉及表面吸附氧的结合能、表面吸附氧的化学势、表面吸附氧覆盖率以及氧虚压等参数,这些参数可建立起上述 4 种物质对甲烷催化反应的规律和趋势。

有研究已经对 Ag、Pt、Pd、Ru 这 4 种贵金属元素建立起了基本的反应规律。下面介绍甲醇在金属表面的催化氧化过程,甲醇同样为碳基小分子物质,在催化过程中同样涉及C—H 键的断裂,与甲烷催化氧化反应具有一定的相似性。如图 1.3 和图 1.4 所示为 Ag、Pt、Pd、Ru 这 4 种物质在甲醇催化氧化过程中的物性规律,图 1.3 是以两种坐标(氧结合能与氧化学势)为自变量,反应活性为函数,对 4 种金属属性予以表示;图 1.4 是以 O_2/CH_3OH 比为自变量(可通过表面位点总量计算出反应中氧在金属表面的覆盖率),一阶反应速率系数为函数,对 4 种金属属性予以表示的规律图(Bogdanovic, 1991)。虽然 Ag、Pt、Pd、Ru 这 4 种物质在元素周期表中并没有按照周期表的规律排布,但从其具体的反应参数来看,依然能在反应中找到一定的本质规律。

从图 1.4 可以看出,三维图形中随着氧结合能的增加,反应呈现火山型的变化趋势。另一方面,甲醇的催化反应与氧化学势有很大关系,氧化学势的上升能够快速驱动反应进行,催化反应活性呈现出快速升高的趋势。这里表面吸附氧本身作为了催化反应的活性位点,当处于高化学势的条件,高氧分压活性促进了反应的进行。但是从图中也可看到随着氧化学势的增加,Pd 的催化反应活性在达到最高值后有所下降,也就是说这里存在一个稳定的状态,使得表面氧活性位点达到饱和后被钝化。二维数据图表示了反应活性(一阶反应速率系数)随 O_2/CH_3OH 比的变化趋势,随着该比值的增大,氧在金属表面的覆盖率快速增加，对比二维图和三维图可知，氧覆盖率增加使得氧的化学势增高。高氧覆盖率，或高氧化学势，使得 Pd、Ag、Ru 的催化氧化活性几乎又降回到起始位置，高氧覆盖率不利于甲醇的催化氧化，唯一不同的金属就是 Pt 元素，并不随氧覆盖量的增高而降低催化氧化活性（Bogdanovic, 1991）。

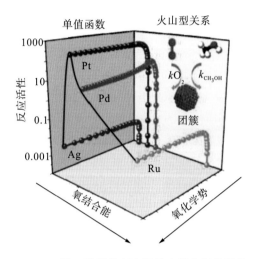

图 1.3　甲醇在 Ag、Pt、Pd、Ru 这 4 种催化剂上氧结合能和氧化学势对反应活性的影响规律

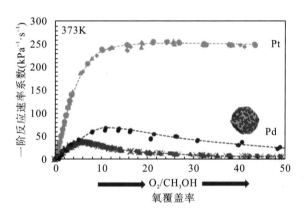

图 1.4　甲醇在 Pt、Pd 这两种催化剂上氧覆盖率对一阶反应速率系数的影响规律

以上是通过列举一组元素的某些金属属性，探讨一种或某几种关键性的反应参数对总催化反应的影响。实际上在催化氧化反应中，氧化程度对催化剂的性能有重要影响。下面以 Pd 元素的氧化程度为例，介绍 Pd 元素的表面氧覆盖量，以及体相氧化情况随反应温度的变化趋势。Xu 等（2012）研究了甲烷催化氧化反应中 Pd 元素氧化程度随反应温度的变化趋势，起始温度 300℃时，Pd 元素几乎没有被氧化，在这个温度下的催化氧化反应进行得非常缓慢，甲烷 C—H 键的活化主要在金属态的 Pd 原子上进行，而金属态的 Pd 原子相比氧化态的 Pd 原子，其催化活性更低。随着温度的上升，可以看到金属态的 Pd 原子在所有 Pd 元素中所占的比重快速下降，当温度升至 700℃时，金属态 Pd 原子的比重降至50%。这里对 Pd 元素的氧化程度随温度的变化趋势是认同的，但是在 700℃的条件下，对

Pd 元素依然不能被完全氧化持怀疑态度，或许 Pd 元素的完全氧化需要较高的氧气压力，而这个氧压力是大气环境下的氧压力所不能给与的。所以可能在提高氧压力的条件下能够实现 Pd 元素的完全氧化，这里需要利用真空化学吸附的方法进行测量（Guo et al., 2013; Liu et al., 2010; Xie et al., 2014; Seo et al., 2011）。

以上主要讨论了催化剂的氧化态以及氧化程度对催化反应的影响，下面继续介绍结构，比如晶体类型、晶粒粒径、催化活性位点位置等对甲烷催化反应的影响。图 1.5 所示为催化剂晶胞的类型以及晶胞内部原子的相邻原子个数（van Hardeveld and Hartog, 1969）。每种元素都有其自身最优的原子堆积方式，下面这 3 种堆积方式是：面心立方结构（face-centered cubic）、体心立方结构（body-centered cubic）和六方密堆积结构（hexagonal close packing structure）。本书所用到的金属 Pd 和金属 Pt 催化剂都是面心立方结构，该结构除顶角上有原子外，在晶胞立方体 6 个面的中心处还有 6 个原子。体心立方结构的晶胞中，8 个原子处于立方体的顶点位置处，1 个原子处于立方体的中心，角上 8 个原子与中心原子紧靠。具有体心立方结构的元素单质有钾（K）、钼（Mo）、钨（W）、钒（V）、α-铁等。六方密堆积结构是金属元素的一种排列方式，也是晶胞中的一种点阵型式，在各种最密堆积中，六方密堆积是具有对称性的一种。这种堆积方式是金属晶体的最密堆积，配位数是 12，空间利用率较高。Be、Ti、Co、Zr、Sc、Nd 等元素都是具有六方密堆积的单质。下面主要讨论面心立方结构，该结构适用于 Pd 和 Pt 催化剂（Wang and Yamauchi, 2010; Holm et al., 2010; Han et al., 2012; Lacroix et al., 2011）。

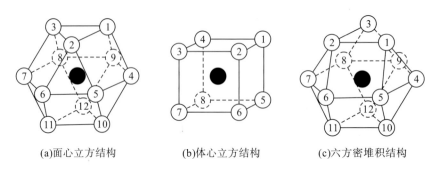

(a)面心立方结构   (b)体心立方结构   (c)六方密堆积结构

图 1.5   催化剂晶胞的类型以及晶胞内部原子的相邻原子个数

浸渍法制备的单金属 Pd 和 Pt 催化剂都是面心立方结构，在该结构中，不同位置处的原子具有不同的催化活性。对于 Pd 和 Pt 催化剂，大催化剂晶粒一般具备较高的催化位点转化率，这里指的是每个催化位点的催化能力。大晶粒具有更大的晶面，在晶面上的 Pt 原子比在棱角处的表面 Pt 原子具有更高的催化反应能力。对于每个 Pt 原子而言，其可向周围输出的键能是一定且守恒的，当周围有较多原子围绕时，该 Pt 原子与周围原子成键而削弱了该原子本身对自身外层电子的控制能力，使得外层自由电子更加活泼，同时对甲烷的 C—H 键活化更加有利。而小催化剂晶粒则由于更多的原子处于边角或是顶点位置，使得该催化剂的位点反应速率下降。但大晶粒催化剂虽然具备高位点转化率，这种催化剂的分散度却是很低的，也就是说如果制作大晶粒的催化剂，那么需要有更多的金属原子在内部以支撑晶体结构，这对催化金属的完全利用是不利的，因为越大的晶粒所需要的支撑原子是越多的，越大的晶粒也浪费了越多的催化金属。因此在制作催化剂时需要考虑到所负载催化剂的综合催化反应能力。

1.2.3.2 双金属催化剂的结构及反应动力学

以上探讨了催化金属的氧化程度与结构等参数对甲烷催化氧化活性的影响，下面引入双金属催化剂的结构以及其对甲烷催化反应的促进作用。双金属催化剂的研究热点集中在催化剂的结构等方面，这里主要讨论由两种贵金属元素组成的催化剂，以及它们之间的相分离情况(核壳结构)。

图 1.6 所示为 Au 和 Pt 两种元素通过共浸渍法合成的双金属催化剂，载体为 TiO$_2$ 纳米管(Enache et al., 2006; Chin et al., 2006; Hung et al., 2016)。研究者认为 Au 和 Pt 组成的双金属催化剂是一种 Au 核(Au-core)和 Pt 壳(Pt-shell)的结构，合金金属簇由 TiO$_2$ 载体支撑。从图中所示的晶格间距来看，Pt(111)为 2.23Å，Au(200)为 2.06Å，所示的合金晶粒粒径为 30～40 nm，晶粒外层基本由绿色示意的 Pt 元素完全包裹，内层元素基本为 Au 元素。该催化剂的设计并不是为了进行甲烷催化反应，但催化反应具有相通性，也就是说可以利用外层金属 Pt 的性质来实现甲烷或低碳小分子物质的催化氧化。

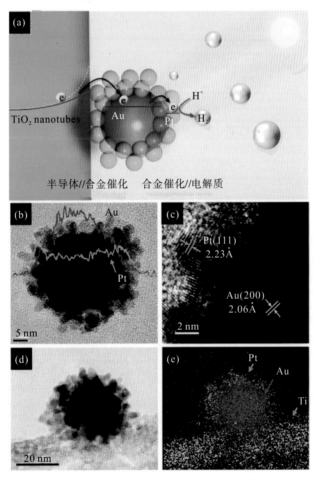

图 1.6　Au@Pt 催化剂的 HAADF-STEM 和 EDX 图片及其核壳结构

以 Au 元素作为催化剂的内核并不是一个高效费比的催化剂合成方式，但是这种方法提供了一种思路，也就是可以寻找某些廉价的物质作为贵金属催化剂的内核，从而实现贵金属催化剂可以完全暴露在表面以进行催化反应提高产率。最后以 TiO$_2$ 为载体可向 Au 元素提供电子，Au 元素再将电子传递给 Pt 元素，这条路径也有利于活化 Pt 元素的外层电子(Xie et al., 2011; Lee et al., 2012; Song et al., 2012; Zhang et al., 2011; Wang et al., 2010)。

另一种具有创新性的核壳结构是 Au-Co 核壳结构催化剂，这种核壳结构是催化剂制作中一直期望的方向，即以廉价金属为内核，提高贵金属的表面分散度，使更多的贵金属能够以活性位点的方式暴露在非均相催化过程中。

图 1.7 所示为 Au-Co 核壳结构成形示意图以及 STEM 照片 (Zhuang et al., 2014)。该图所展现的是 Au 核(Au-core)Co 壳(Co$_3$O$_4$-shell)双金属催化剂，这里需要指出的是，表面催化反应一般希望将高催化位点暴露在催化剂晶粒表面，那么在有贵金属参与组成的催化剂，希望贵金属在外层而廉价金属在内核以提高贵金属的分散度。但是这篇文章的催化剂

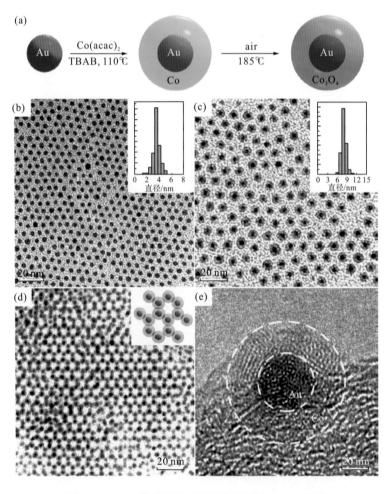

图 1.7   Au-Co 核壳结构成形示意图以及 STEM 照片

制作方式反其道而行之，他们将 Au 元素作为内核，Co_3O_4 作为外壳层。作者在文中将这类催化剂的应用放到了析氧反应中，Co 元素能够储存氧而 Au 元素不适合与氧元素大量成键，其实在 Co—O 成键中是可以看到 Au 元素对这一过程的促进作用，但从效费比的角度，还是推荐用其他廉价元素替换 Au 元素，以完成上述任务 (Xia et al., 2012; Nilekar et al., 2010; Lu et al., 2012; Li et al., 2012; Qi et al., 2012; Li et al., 2010; Wang et al., 2011; Yan et al., 2010)。

1.3 甲烷催化燃烧及反应动力学特性研究的需求与挑战

现阶段对低碳小分子物质的催化反应的研究，包括氧化反应、重整反应、裂解反应、水煤气反应以及甲烷化反应等，基本都集中在双金属催化剂，或是多金属催化剂，包括对催化剂中添加助剂等活性成分的研究也非常多。但催化反应的研究中，尤其是表面反应，必须深入讨论反应过程的微观机理、基元反应步骤、非均相条件下分子原子自由基等物质与活性位点之间的相互作用，以及催化剂结构等问题。在对双金属催化剂的研究之前一定要对其单金属催化剂的金属性质做详细的研究，在获得足够多的单一元素金属特性之后，以单一金属元素的催化属性对标双金属催化剂的催化属性，进而对双金属催化剂的结构和催化属性等参数有较为充分的掌握，最后利用该双金属催化剂进行相应的催化活性研究，即可做到事半功倍的效果。

目前对于甲烷催化燃烧特性及其反应动力学领域的研究已经取得了一定进展，但仍存在一些问题需要进一步探索和研究，其主要发展需求包括以下几个方面。

(1) 利用贵金属催化剂来催化甲烷的燃烧是一种非常有效的方法，由于 Pd、Pt 催化剂具有良好的催化活性，目前国内外对其进行了大量的研究。Pt 的催化甲烷燃烧活性虽然不如 Pd，但是少量 Pt 的加入会显著改善 Pd 催化剂的稳定性。对于 Pt 催化剂的加入改善 Pd 催化剂稳定性的原因有几种解释，但是目前都停留在部分实验现象的解释，例如载体的不同导致催化剂活性相发生聚合，活性位的减少及催化剂活性表面结构发生变化等，对其具体的原因还需要深入地研究。

(2) 在不同的燃烧工况中 CH_4 和 O_2 的浓度会有较大差异，进而导致反应的氧化还原性不同，这反过来可能会影响催化剂表面的物理结构和化学性质，从而对催化剂的性能造成影响。在更丰富的工况情况下，就需要研究 CH_4 和 O_2 的动力学关系，以及它们的浓度对催化剂活性相的影响，以及活性相的变化反过来对甲烷燃烧的影响。虽然部分研究者也研究了在较低氧浓度下的甲烷氧化反应过程，并通过实验方法得到了 CH_4 和 O_2 的反应级数，利用简单的动力学方法对其进行了机理阐释，但是由于其反应机理过于简化，使得反应机理过于局限而且非常不完善。目前对于 Pd-Pt 双金属催化剂的研究主要停留在如何增加其转化率以及稳定性方面，对于 CH_4 在催化剂表界面的活化断键以及反应动力学少有研究，所以有必要对其开展深入的研究。

(3) 甲烷催化反应与结构之间的对应关系是体现催化剂活性的重要指标，但是很多研究都只讨论反应，也就是催化活性，而疏于探讨结构的相应关系。有些反应存在结构相关性，而有些反应不存在结构相关性，这与催化反应的速率控制步骤(下文简称速控步)有一定关系，所以研究催化反应位点与速控步之间的关系至关重要。

现阶段对于 Pd-Pt 催化剂结构及其对甲烷催化燃烧特性及其反应动力学的影响，存在以下几个方面挑战。

(1)甲烷催化燃烧的活性及稳定性。甲烷催化燃烧活性和稳定性是评价催化剂性能非常重要的两个参数。催化剂的活性和稳定性是与催化剂活性颗粒本身以及载体的物理结构和化学组成息息相关的，包括活性相的组成、活性颗粒表面的化学形态、活性颗粒的大小等。此外，由于催化剂活性颗粒含有 Pd 的掺杂，Pd 很容易与 O 结合生成氧化物，需要深入研究氧化相对 O 的吸/释能力，且对氧化相的热力学稳定性的研究也有助于揭示甲烷氧化过程中的反应动力学。

(2)甲烷在催化剂表界面的活化及断键。通过实验方法很难探测燃烧过程中催化剂表面的详细结构。一种十分常用的方法就是通过构建催化剂的物理模型，利用 DFT 方法计算反应速控步的活化能与实验获得的活化能进行比较。目前许多研究者对 Pd、Pt、PdO_x 和 PtO_y 的各种(hkl)晶面的甲烷解离及氧化过程进行了大量以及重复的讨论，但是很少有研究者系统地研究这些晶面的关系以及对甲烷燃烧的影响，对 Pd-Pt 双金属及其氧化物表面的研究就更为欠缺了。所以，有必要利用 DFT 方法对 Pd-Pt 催化剂的结构及其对甲烷燃烧的影响做进一步深入的研究。

(3)催化剂结构与甲烷反应性能的构效关系。催化位点在晶粒面、棱、角处的位置可直接影响反应位点在催化反应中的催化活性。应用反应动力学方法，寻找反应活性(位点反应速率)与催化剂晶粒粒径之间的对应关系，并通过一定的数量关系计算出单质晶粒的粒径是有效的方法。当然如果甲烷催化反应的速控步发生改变，那么催化反应与晶粒的相关性也会随之发生改变，因此催化剂结构与甲烷反应性能之间的构效关系研究十分必要。

(4)甲烷催化燃烧的反应动力学。在不同的氧分压下，金属活性位点已被表面氧覆盖程度不一样，另一方面，甲烷分压的变化则可导致催化反应速率的变化，因此需要对甲烷在不同氧覆盖区间的动力学特性进行研究和讨论。另外，采用反应动力学来区分双金属催化剂表面 Pd 位点和表面 Pt 位点的方法也有待深入研究。

第2章 甲烷催化燃烧的反应活性及稳定性

铂钯及其合金催化剂在空气中的甲烷燃烧活性和稳定性是评价催化剂性能的非常重要的两个指标，本章将对催化剂的甲烷燃烧反应活性剂稳定性进行研究。催化剂的活性和稳定性是与催化剂活性颗粒本身以及载体的物理结构和化学组成息息相关的，所以应对催化剂进行一系列的表征，包括：活性相的组成、活性颗粒表面的化学形态、活性颗粒的大小等。因为催化剂活性颗粒含有 Pd 的掺杂，Pd 很容易与 O 结合生成氧化物，所以研究氧化相对 O 的吸/释性能对动力学特性的研究是非常有必要的。

2.1 铂钯及其合金催化剂活性金属颗粒的物理化学特性

2.1.1 催化剂的物相组成

研究采用的催化剂载体均为 γ-Al$_2$O$_3$，因其具有较高的孔隙率以及比表面积，而且能在高温下保持较好的结构强度，可保证在实验过程中催化剂的结构不会被破坏。煅烧后催化剂活性颗粒可稳定地负载在 γ-Al$_2$O$_3$ 颗粒内部微孔表面。为了研究 Pd 和 Pt 的摩尔比含量对甲烷催化燃烧反应动力学的影响，需要制备 5 种 Pd 和 Pt 含量不同的催化剂，可表示为 Pd$_x$Pt$_y$/γ-Al$_2$O$_3$，其中 x = 0，0.25，0.5，0.75 和 1，分别代表 Pd 的摩尔含量为 0%，25%，50%，75%和 100%，此外 $x+y$=1。催化剂的制备方法为浸渍法，制备过程如下。

(1) 载体的制备。首先，将 γ-Al$_2$O$_3$ 颗粒在研钵里面进行破碎，再通过筛网(80 目和 120 目)筛取获得直径为 0.125～0.178 mm 的粉末；然后，将筛选出的粉末放置于 923 K 的马弗炉中焙烧 4h 除去吸附在粉末中的水分，从而增加颗粒内部表面气固界面的表面张力，使得盐溶液中的金属离子能够更好地吸附在载体颗粒内部表面；最后将焙烧的粉末密封干燥保存。

(2) 溶液的配制。称取 0.3370 g PtCl$_4$(含 0.1950 g 铂)，0.266 g Pd(NO$_3$)$_2$(含 0.1064 g 钯)，将二者分别溶于 14.1 mL 的去离子水当中。在不考虑溶解对溶液体积的影响下，两种溶液中钯和铂离子的摩尔浓度近似相等。然后通过两种溶液混合的方式配制 3 份混合溶液，即 Pd：Pt 摩尔比为 3∶1、1∶1 和 1∶3 各 5.6 mL。其中，溶液中金属离子的摩尔浓度为 0.713×10^{-4} mol·mL^{-1}。

(3) 浸渍与干燥。首先称取 5 份质量为 1.96 g 的氧化铝粉末放于 5 个蒸发皿当中，利用移液枪(型号：E4 XLS+)量取 5 份均为 0.44 mL 的不同配比溶液缓缓滴加到 5 个蒸发皿的氧化铝中，充分混合制成 5 种样品。然后，将这些样品在 473 K 的空气环境下放置 8 h，第一次烘干之后，再进行下一次浸渍过程，浸渍过程分 3 次进行，使得 Pd 的负载度为 2.0wt%。采用分次进行可以保证催化剂能够均匀负载。由于 Pd 催化剂具有很高的活性，为了使 Pd/Al$_2$O$_3$ 催化剂在 873 K 时具有较低的甲烷转化率，需要在外部稀释的情况下再进行内稀释，使其负载度为 0.67 wt%。因此，需要对溶液进行再次稀释，使得溶液的浓度为原来的一半。因此，低金属负载度的催化剂，仅需要 2 次浸渍过程即可。

（4）煅烧。将样品放置在玻璃舟内，然后将玻璃舟放置在石英玻璃管内，随后将石英管放入卧式加热炉。通入空气并以 5 K·min^{-1} 的升温速率加热到 973 K，并保持此温度 4 h，最后自然冷却到室温。

XRD（X-ray diffraction，X 射线衍射）图谱如图 2.1 所示，从图谱中可以看出，主要存在的固相物质为 $Pd_xPt_{1-x}O$、Pt、Pd、Pd-Pt 合金相以及 γ-Al_2O_3 相。由于是在空气中进行的煅烧，使得 Pd 相很容易被氧化，所以 Pd 相的含量很少。当加入少量的 Pt 相后，会出现一个新的峰，为 Pd-Pt 合金相。显然，合金具有 Pt 相的部分性质，即难以被氧化。因此，在同样的空气氛围下煅烧，Pd 与 Pt 的不同摩尔配比会导致不一样的晶相分布。

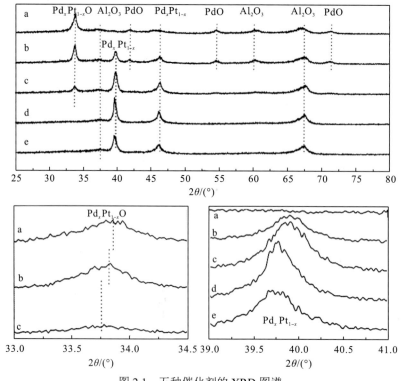

图 2.1　五种催化剂的 XRD 图谱

(a) $Pd_{1.0}Pt_0$；(b) $Pd_{0.75}Pt_{0.25}$；(c) $Pd_{0.5}Pt_{0.5}$；(d) $Pd_{0.25}Pt_{0.75}$；(e) $Pd_0Pt_{1.0}$

从图 2.1 中还可以看出，当加入部分 Pt 后，导致 PdO 衍射角发生变化，Pt 加入越多，衍射角越小。尽管这种变化非常微小，但是它反映出 PdO 晶格常数随着 Pt 的含量增加而增大。此外，合金相衍射峰的衍射角也有相同的变化趋势。主要是由于 Pt 原子半径比 Pd 大，而 Pt 的加入使得氧化相或者是金属相的晶格常数增加。尽管 $Pd_{0.25}Pt_{0.75}$ 催化剂中也存在少量的 Pd 元素，但 XRD 图谱未见其存在氧化相，甚至连降噪后的峰都不存在，这表明当少量 Pd 加入 Pt 时，Pd-Pt 合金难以被氧化。从 XRD 图谱可以得出富 Pt 的 Pd-Pt 合金体相很难被氧化的结论，但仅从 XRD 图谱很难得出金属体相的表面一层或者两层是否被氧化。

2.1.2　金属含量和颗粒分散度

从表 2.1 中的数据可以看出，ICP-AES 测得的金属负载量和理论负载量非常接近。虽然 $Pd_{0.50}Pt_{0.50}$ 的 Pt 含量要高于 $Pd_{0.75}Pt_{0.25}$，但其 CO 的吸附量却更低，这表明 $Pd_{0.75}Pt_{0.25}$ 具有更多比例的金属原子暴露在颗粒表面。从分散度的数值也可以看出，$Pd_{0.25}Pt_{0.75}$ 的分散度最小，这表明 $Pd_{0.25}Pt_{0.75}$ 的活性位相比于其他 4 种催化剂而言最少。尽管 $Pd_{1.0}Pt_0$ 的分散度和 $Pd_{0.75}Pt_{0.25}$ 非常接近，但它们在甲烷氧化时分散度会发生一定的变化，特别是对于富 Pd 负载型催化剂尤为如此。由于甲烷燃烧时的活性位点数和 CO 吸附测得的活性位数量有差别，这会导致指前因子测量变得不够准确，但对熵变数值的测量影响并不大，并且对表观活化能的测量没有影响。第 2、3 章都统一使用表 2.1 中的数据。

表 2.1　催化剂的负载度以及金属颗粒的分散度（催化剂负载度大于 2wt%）

催化剂	组分摩尔比	Pd 的含量 /wt%	Pt 的含量 /wt%	催化剂的 CO 吸收量（μmol/g）	Pd-Pt 分散度/%
$Pd_{1.0}Pt_0$	1∶0	2.1	0	9.5	9.6
$Pd_{0.75}Pt_{0.25}$	0.75∶0.25	1.6	0.9	11.3	9.3
$Pd_{0.50}Pt_{0.50}$	0.5∶0.5	1.0	1.7	9.8	7.3
$Pd_{0.25}Pt_{0.75}$	0.25∶0.75	0.6	2.6	10.0	6.2
$Pd_0Pt_{1.0}$	0∶1	0	3.4	15.0	8.8

2.1.3　活性表面原子的价态

$Pd3d_{5/2}$, $Pt4d_{5/2}$, O1s 以及 Al2p 的结合能如表 2.2 所示，$Pd3d_{5/2}$ 的 XPS 光谱如图 2.2 所示。对于单金属 Pd 基催化剂而言，仅有一种组分，其结合能为 336.8 eV。$Pd_{0.75}Pt_{0.25}$ 也存在类似的组分，但是其结合能发生了变化，为 337.2 eV，一般地，结合能的改变预示着原子价态的变化。对于同类型的 Pd 原子轨道而言，结合能的增加意味着价态的增加。$Pd0$，Pd^{+2} 以及 Pd^{+4} 的结合能分别为 335.2 eV（Bird and Swift, 1980），336.7 eV（Kim et al., 2000），337.5 eV（Bi and Lu, 2003）。很显然 336.8eV 的数据非常接近参考文献的数值 336.7eV，所以单金属 Pd 催化剂表面的 Pd 主要为+2 价（PdO）。$Pd_{0.75}Pt_{0.25}$ 的结合能为 337.2 eV，处于 336.7～337.5 eV，并且更趋于后者。因此，部分 Pt 原子的加入会导致表面 Pd 原子的价态增加，部分 Pd 原子价态由+2 价变成+4 价。主要原因在于 Pt 与 O 很难键合，但 Pt 能在表面占据一定的位置，单个 Pd 具备给与 O 原子更多电子的能力，导致 Pd 自身价态增加。

表 2.2　不同催化剂内层电子的结合能

催化剂	$Pd3d_{5/2}$	$Pt4d_{5/2}$	O1s	Al2p	Pd/(Pt+Pd)
$Pd_{1.0}$	336.8	314.5(0.25)	531.4	74.2	1
		317.2(0.75)			
$Pd_{0.75}Pt_{0.25}$	336 (0.25)	314.5(0.37)	531.3	74.2	0.81
	337 (0.75)	317.2(0.63)			

续表

催化剂	Pd3d$_{5/2}$	Pt4d$_{5/2}$	O1s	Al2p	Pd/(Pt+Pd)
Pd$_{0.5}$Pt$_{0.5}$	336 (0.4)	314.4	531.3	74.2	0.57
	337.1(0.6)				
Pd$_{0.25}$Pt$_{0.75}$	337.2	314.4	531.2	74.2	0.33
Pt$_{1.0}$			531.4	74.7	0

注：括号里面的数值为含量占比。

不同于 Pd，100%含量的 Pt 催化剂的 Pt 价态主要为+2 价，并存在少部分的 0 价 Pt 原子。然而 XRD 图谱显示并不存在体相的氧化物 PtO，所以 Pt 催化剂在空气中煅烧会在表面形成一层氧化层。然而，当 Pd 引入 Pt 时，由于表面 Pd 具有较强失去电子的能力，使得 Pt 不需要将电子转移给 O。因此，Pd 高的成分占比会造成 Pt 表面原子价态降低，从图 2.2 中也可以看出 Pd$_{0.75}$Pt$_{0.25}$ 和 Pd$_{0.5}$Pt$_{0.5}$ 的价态为 0 价，并不存在+2 价的 Pt 表面原子。

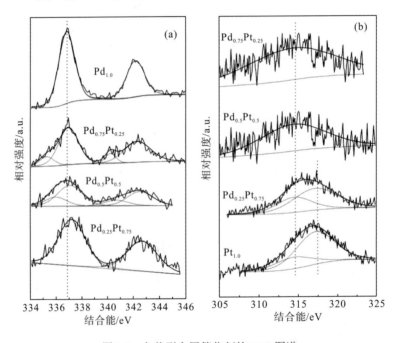

图 2.2　负载型金属催化剂的 XPS 图谱

上述分析仅从金属原子价态的角度分析催化剂常温情况下表面的物质构成。当甲烷在不同氧氛围下催化燃烧时，催化剂活性成分的表面价态又将发生变化。在后续的研究结果中也可以看出，催化燃烧时的氧化还原气氛以及温度对催化剂的体相以及表面的化学形态都有很大的影响。此外，由于 Pt 和 Pd 原子失去电子的能力不一样，在形成表面氧化物时二者的价态会出现此消彼长的现象。

2.2　甲烷催化燃烧的反应活性

催化剂活性测试采用的催化剂负载量大于或等于 2.0 wt%金属组分/Al_2O_3。甲烷燃烧能够产生很高的热量，导致催化剂床层的温度高于电阻炉内温度。特别地，当温度达到一个临界值，由于反应速度快速增加导致反应热大量释放，可能会造成床层温度突然升高现象(实验观察)。为了降低这个温差从而获得真实稳定的反应速率，需要对催化剂做进一步颗粒外稀释。稀释比不能太小，太小会使得温差依然很高，在这里选取稀释比为 5∶1。气体组分按体积百分比：CH_4 为 2%，O_2 为 20%，N_2 为 78%。第 3 章将详细探讨 CO_2 和 H_2O 对甲烷催化燃烧的影响，这里暂不加入这两种气体组分，亦不考虑产物 CO_2 和 H_2O 对燃烧反应的影响。

催化剂的活性以及稳定性的实验结果如图 2.3 所示。可以看出，$Pd_{1.0}$ 和 $Pd_{0.75}Pt_{0.25}$ 催化剂具有很高的活性，并且 $Pd_{1.0}$ 催化剂的初始活性要高于 $Pd_{0.75}Pt_{0.25}$。尽管 $Pd_{0.5}Pt_{0.5}$ 活性不如这两种催化剂，但其在低温下仍然具有较高的活性。当催化剂的 Pt 摩尔含量为 25% 时，在较低温度下的甲烷转化率很低，但是相比于 Pt 基催化剂而言，其活性仍然很高。结合 XRD 图谱的数据可以看出，PdO 晶相的含量和催化剂的活性有着密切的关系，即 PdO 相的含量越多，活性亦越高。Pt 基催化剂在低温下活性较低，直到温度提高到 800 K 时反应才开始进行。在实验中，并没有将反应温度升高到 PdO→Pd 的相变温度，所以转化率并没有出现降低的现象。

图 2.3(b) 和图 2.3(c) 分别表示在 873 K 和 723 K 时 5 种催化剂催化甲烷燃烧的稳定性实验。从图中可以看出，Pd 基催化剂的稳定性非常差，800 min 后的甲烷转化率仅约为其最初的 50%，甲烷转化率甚至略低于 $Pd_{0.5}Pt_{0.5}$ 催化剂。实验中得到的活化能基本不会随着燃烧时间的推移而发生较大的变化(稳定性实验进行到 30min 和 800min 时的活化能差别并不大，分别为 70kJ·mol^{-1} 和 60kJ·mol^{-1}，活化能测试温度区间为 703~783K)，因此导致催化剂稳定性差的主要原因在于催化剂在反应过程活性位的减少。此外，不同温度下，同种催化剂的稳定性也存在差异，当反应温度为 723 K 时，催化剂的活性降低的程度以及速度都较低，而在反应温度较高时(873 K)，Pd 催化剂的活性在 100 min 后的甲烷转化率仅为此温度下的 1/2，表明催化剂在高温下的稳定性更差。主要是由于高温下晶体的移动以及变形都较为容易，晶相之间更容易融合导致催化剂颗粒增加，这也是造成催化剂活性不稳定的最主要的原因。富 Pt 催化剂由于金属相的增加使其催化甲烷燃烧的稳定性增加，这归因于氧化相与载体的结合能力比金属相要弱，导致氧化相在高温下比较容易迁移，从而造成其稳定性的降低。

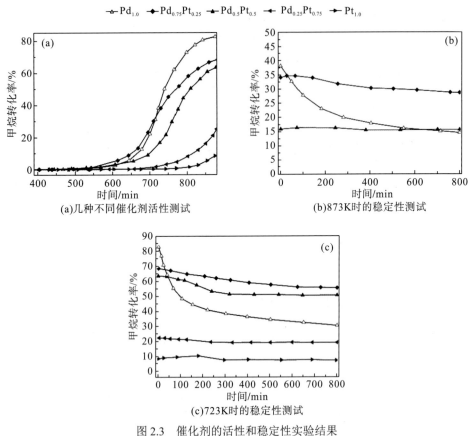

图 2.3　催化剂的活性和稳定性实验结果

注：①加热过程 400～873K，5K/min，2kPa CH$_4$ 和 20kPa O$_2$，3.34mL/s。

②所有的催化剂都用伽马氧化铝颗粒进行稀释，稀释比为 5∶1。

2.3　催化剂的热力学稳定性

2.3.1　催化剂活性相热力学稳定性的计算

为了从理论上更深入地探讨晶粒氧化相的热力学稳定性，需要比较不同合金氧化物生成吉布斯自由能(Gibbs free energy)的变化。合金相或者金属氧化物相在形成之前，由两种或三种元素混合，然后在一定气氛条件下形成较为稳定的固相结构。合金或者金属氧化物可看作是通过两种单金属相加上解离后的氧气再混合成键。因此，生成吉布斯自由能的近似表达式可写成：

$$\Delta G(T,p,x,\delta)=E_{\text{tot}(Pd_xPt_{1-x}O_\delta)}^{\text{bulk}}-xE_{Pd}^{\text{bulk}}-(1-x)E_{Pt}^{\text{bulk}}-\delta\mu_O(T,p)-TS_{\text{mix}}(x) \qquad (2.1)$$

式(2.1)中，$E_{\text{tot}(Pd_xPt_{1-x}O_\delta)}^{\text{bulk}}$ 为氧化物体相的总能量；E_{Pd}^{bulk} 和 E_{Pt}^{bulk} 分别为 Pd 和 Pt 原子在体相的能量；μ_O 为氧原子在一定温度和压力下的化学势；$S_{\text{mix}}(x)$ 为混合熵。混合熵在平均近似场中可以用式(2.2)表示：

$$S_{\text{mix}}(x)=-k_B[x\ln x+(1-x)\ln(1-x)] \qquad (2.2)$$

其中，k_B 为玻尔兹曼常数。式中并没有考虑金属体相原子的振动，因为此部分振动所带来的生成焓只有几十 meV。即便是温度到达 1700 K，生成焓也仅有 0.1 eV。氧化学势能和氧气的分压 p 以及温度 T 相关，相关性公式可以表示为

$$\mu_O(T, p) = 0.5[E_{O_2} + \tilde{\mu}_{O_2}(p^0, T) + k_B \ln(p/p^0)] \tag{2.3}$$

式中，E_{O_2} 为氧气的总能量；p^0 为大气压力 1 atm；$\tilde{\mu}_{O_2}(p^0, T)$ 表示压力为 p^0 时的氧化学势。特别地，

$$\tilde{\mu}_{O_2}(p = 1atm, T = 0K) = 0 \tag{2.4}$$

因此，在考虑氧化物时，假设将氧气降温到 0 K，氧气解离为氧原子并掺杂在金属相中，然后再将温度升高至所需的温度，从而获得特定温度下的吉布斯自由能，这在热力学上是合理的。氧气的化学势差可以通过计算得到的数值进行线性拟合(Reuter and Scheffler, 2001)，拟合度达到 $R^2 = 0.9996$。拟合公式为

$$\Delta\tilde{\mu}_{O_2}(p^0, T) = -0.1159T + 10.0775 \tag{2.5}$$

量子化学计算基于密度泛函方法(density functional theory, DFT)，DFT 计算 Kohn-Sham 方程采用广义梯度近似(generalized gradient approximation，GGA)，交换相关函数采用 PBE。参数设置为：对于 Pd 和 Pt 金属原子，内层电子的相对论效应必须考虑，因此价电子和芯电子之间的相互作用通过超软赝势(US-PP，vanderbilt ultrasoft pseudopotentials)表示；由于 Pd 和 Pt 不是磁性材料，所以自旋极化(spin polarization)不用考虑。布里渊区的特殊点积分通过 Monkhorst-Pack 方法来实现；所有固态催化剂模型的平面波的截断能量都设置为 380 eV；所有晶胞 k 点采用 6×6×6。结构优化和能量计算中的自洽迭代收敛标准设置为：自洽场(self consistent field, SCF)收敛 $2.0×10^{-6}$ eV；能量收敛标准为 $2.0×10^{-5}$ eV；所有的原子力小于 0.05eV/Å；位移偏差小于 $2.0×10^{-3}$Å。

2.3.2　催化剂活性相的热力学稳定性分析

一般来讲，过渡金属的氧化物一般都显示出比自身金属相更高的甲烷催化燃烧反应活性(Bönnemann and Richards, 2001; Groß, 2006)，尤其以 Pd 催化剂最为典型。由于缺乏 Pd-Pt 合金氧化相的相关热力学数据，只能通过对比单金属氧化相的热力学数据，从而推断合金相的热力学数据。图 2.4 为几种单金属氧化物的晶体结构模型，包括 PdO，α-PtO$_2$，β-PtO$_2$ 和 Pt$_3$O$_4$。本书所涉及的金属配比为 1:3、3:1、2:2、4:0 和 0:4，为了满足掺杂比的需要，对部分晶胞进行扩大，使得金属原子数是 4 的倍数。此外，在掺杂过程中应尽量保证不同金属原子之间掺杂的均匀性。计算得到的晶格参数形成吉布斯自由能和原子平均 Muliken 电荷如表 2.3 所示。

为了验证计算的准确性，将计算得到的晶格常数与其他文献进行对比。随着掺杂计量数的变化，晶格参数也跟随变化，并且合金氧化物晶格参数更接近于化学计量数更多的金属氧化物。因此，随着 Pt 摩尔比的增加，晶格常数也相应地增加。表 2.3 中的吉布斯自由能是 0K 时氧化相的生成吉布斯自由能，并且结构优化到能量最小的状态。PdO 结构的氧化物生成吉布斯自由能(绝对值)随着 Pt 含量的增加而降低，而 α-PtO$_2$，β-PtO$_2$ 和 Pt$_3$O$_4$ 生

成吉布斯自由能则随着 Pt 含量的增加而增加。生成吉布斯自由能越大，金属氧化物的热力学稳定性越强，所以 PtO 难以在高温下稳定存在。

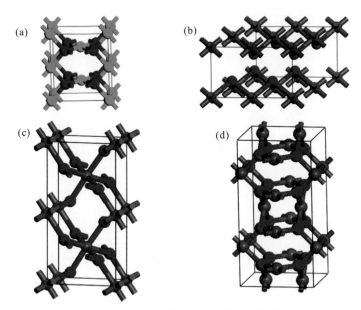

图 2.4　几种单金属氧化物的晶体结构模型

(a) PdO, (b) α-PtO$_2$, (c) β-PtO$_2$ 和 (d) Pt$_3$O$_4$ 的超晶包原子结构模型，

其中绿色表示 Pd 原子，蓝色表示 Pt 原子，红色表示 O 原子。

表 2.3　计算得到的晶格参数形成吉布斯自由能和原子平均 Muliken 电荷

氧化物结构	晶格常数				ΔG /(kJ·mol^{-1})	Muliken 电荷		
	x	$a/\text{Å}$	b/a	c/a		Pd	Pt	O
	0.000	3.194(3.10[a])	0.995	1.715	−79.51		0.55	−0.55
	0.250	3.152	1.009	1.738	−90.51	0.45	0.56	−0.53
Pd$_x$Pt$_{1-x}$O	0.500	3.100	1.027	1.769	−101.93	0.48	0.53	−0.50
	0.750	3.147	0.987	1.739	−111.25	0.44	0.56	−0.48
	1.000	3.103(3.05[b])	1.000	1.761	−118.71	0.44		−0.44
	0.000	3.188(3.14[a])	1.000	2.771	−182.15		1.10	−0.55
	0.250	3.170	1.000	2.791	−169.56	0.88	1.10	−0.52
α-Pd$_x$Pt$_{1-x}$O$_2$	0.500	3.147	1.000	2.824	−157.69	0.88	1.10	−0.50
	0.750	3.126	1.000	2.839	−146.69	0.88	1.10	−0.47
	1.000	3.099	1.000	2.868	−136.68	0.88		−0.44
	0.000	4.654(4.49[a])	1.017	0.698	−181.54		1.08	−0.54
	0.250	4.649	1.012	0.696	−169.72	0.89	1.05	−0.51
β-Pd$_x$Pt$_{1-x}$O$_2$	0.500	4.654	1.006	0.691	−156.77	0.87	1.03	−0.48
	0.750	4.643	1.004	0.689	−142.27	0.83	1.02	−0.44
	1.000	4.623	1.005	0.687	−127.48	0.80		−0.40

续表

氧化物结构	晶格常数				ΔG /(kJ·mol^{-1})	Muliken 电荷		
	x	a/Å	b/a	c/a		Pd	Pt	O
Pd$_{3x}$Pt$_{3(1-x)}$O$_4$	0.000	5.755 (5.65^a)	1.001	1.001	−142.94		0.73	−0.55
	0.250	5.735	1.003	1.003	−135.53	0.63	0.71	−0.54
	0.500	5.726	1.001	1.002	−126.64	0.60	0.69	−0.50
	0.750	5.719	1.000	1.000	−114.85	0.57	0.67	−0.46
	1.000	5.696	1.000	1.000	−109.15	0.55		−0.41
Pd$_x$Pt$_{1-x}$	0.000	4.010	1.000	1.000	0.00		0.00	
	0.250	3.986	1.000	1.000	−10.94	−0.19	0.06	
	0.500	3.959	1.005	1.000	−4.88	−0.13	0.13	
	0.750	3.947	1.000	1.000	−4.68	−0.07	0.22	
	1.000	3.927	1.000	1.000	0.00	0.00		

注：a、b、c 表示晶格常数，b/c、c/a 表示两个晶格常数的比值，它们的数值与晶体结构有关。Pd$_x$Pt$_{1-x}$O$_\delta$ 晶体在温度为 0 K 时的晶格参数，生成吉布斯自由能以及 Muliken 电荷分布，括号里面的数值为参考文献中的数值，其中 ^{a} 为参考文献(Seriani et al., 2009)，^{b} 为参考文献(Rogal et al., 2004)。

从计算的 Muliken 电荷可以看出，O 原子可以从 Pd 或者 Pt 原子获得大约 0.5 个电子，而金属原子在氧化物中扮演失去电子的角色，并且失去的电子数和氧原子的化学计量数紧密相关。例如，PtO 和 β-PtO$_2$ 中 Pt 原子的电荷分别为 0.55 和 1.08，电荷数几乎和氧的化学计量数成正比。此外，4 种结构模型中，O 随着 Pt 含量的增加，O 得到的电子数增加，所以 Pt 的给电子能力比 Pd 更强，二者给电子数分别为 0.55 e 和 0.44 e。而且 Pd-Pt 合金相中 Pd 原子电荷为负数，也说明 Pt 原子的金属性更强，且电负性更差。

金属氧化物的热力学稳定性除了用吉布斯自由能来判定外，还可以利用化学键的理论来分析。随着氧的化学计量数的增加，生成吉布斯自由能增加，因此金属原子获得了更多的配位氧原子，导致金属原子的能量降低，从而使得金属原子自身的生成吉布斯自由能增加。可以从表 2.3 中发现，PtO、Pt$_3$O$_4$ 和 β-PtO$_2$ 的生成吉布斯自由能分别为−79.51、−142.94 和−181.51 kJ·mol^{-1}，随着氧化学计量数的增加，生成吉布斯自由能增加。而 PdO、Pd$_3$O$_4$ 和 β-PdO$_2$ 的吉布斯自由能分别为−118.71、−109.15 和−127.48 kJ·mol^{-1}，这表明氧化学计量数对 Pd 类型氧化物的影响并不大。此外，XRD 图谱数据也表明富 Pd 催化剂以 PdO 为主。

利用吉布斯自由能公式(2.1)可以推导出在氧压恒定情况下，吉布斯自由能和温度的关系。当吉布斯自由能大于或者等于 0 时，这表明氧化物相的结构已经变得不稳定，将会释放氧原子降低生成吉布斯自由能从而获得更为稳定的结构。这里以生成吉布斯自由能等于 0 为界限探讨金属氧化物的稳定性温度区间，计算得到的热稳定临界温度值如表 2.4 所示。

表 2.4 $Pd_xPt_{1-x}O_\delta$ 的相变热力学温度随氧气压力的变化

氧化物结构	x	氧分压			
		1	0.2	10^{-2}	10^{-14}
$Pd_xPt_{1-x}O$	0.000	779	736	669	361
	0.250	910	859	777	413
	0.500	1023	965	872	462
	0.750	1097	1035	936	498
	1.000	1117	1056	959	518
$\alpha\text{-}Pd_xPt_{1-x}O_2$	0.000	879	831	754	408
	0.250	859	810	733	390
	0.500	814	767	693	367
	0.750	756	713	645	343
	1.000	683	645	586	317
$\beta\text{-}Pd_xPt_{1-x}O_2$	0.000	876	828	752	407
	0.250	860	811	734	390
	0.500	809	763	690	365
	0.750	736	695	628	334
	1.000	643	608	552	298
$Pd_{3x}Pt_{3(1-x)}O_4$	0.000	1018	962	874	472
	0.250	1011	953	862	459
	0.500	960	905	818	433
	0.750	871	822	743	395
	1.000	799	756	686	371

在计算过程中发现混合熵 $S_{mix}(x)$ 对相变温度的影响在 30～50K 之间,并且当混合比为 1 : 1 时,对相变温度的影响最大,并且越远离这个数值影响越小。此外,这里应该遵循一个原则,即在氧化相为均匀相以及氧分压不变的前提下,温度越高,MeO_δ 中氧的含量减少,即 δ 减小。利用表 2.4 中的数值得到 MeO_δ 的相图,如图 2.5 所示。

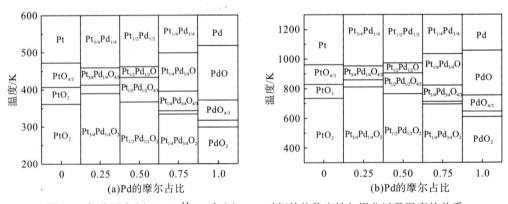

图 2.5   氧分压为 (a) 10×10^{-14} atm 和 (b) 1atm 时相的热稳定性与组分以及温度的关系

从图 2.5(a) 可以看出,在压力为 10×10^{-14} atm 时,PtO 相的转变温度为 361K,这表明 PtO 能够在低温下热力学稳定,但是 PtO_2 的相转变温度 408K 和 407K 要高于 PtO,显然 PtO$_2$ 比 PtO 更稳定，而且具有更多的氧配位，因此 PtO 的相区间应该被 PtO$_2$ 所覆盖。此外，计算得到的结果表明，α-MeO$_2$ 和 β-MeO$_2$ 具有相同的化学元素配比，并且它们的生成吉布斯自由能几乎相等，这导致它们在相图中的大部分区域都是重叠的。于此，相图中的两种物质统一称为 MeO$_2$，在热力学稳定性上 α-MeO$_2$ 和 β-MeO$_2$ 是简并的。

从图 2.5(b) 可以看出，当压力为 1 atm 时，计算得到的 PdO 生成吉布斯自由能为 -118.71 kJ·mol^{-1}，其相应的相 PdO→Pd 转变温度为 1117 K，在 20%浓度的 O$_2$ 氛围下的转变温度为 1056 K，这和本书的实验结果 1085 K 相符。此外，在氧压为 1 atm 时，计算得到的 PtO$_2$→Pt$_3$O$_4$→Pt 的转变温度分别为 879 K 和 1018 K，这两个数值和 Seriani 等(2009) 得到的数值相符，分别为 870 K 和 970 K。尽管本书得到的热力学数据表明 Pt$_3$O$_4$ 和 PtO$_2$ 能够在很高的温度下存在，但是 XRD 的实验结果表明，Pt 基催化剂的体相为 Pt 金属相，并非是 PtO$_\delta$ 相。Wang 等(2001) 的研究表明，在 Pt 金属颗粒表面能够形成一层薄的氧化层，这在动力学上会抑制体相进一步被氧化。因此，尽管本书所涉及的金属氧化物能够在热力学上保持稳定，但是在动力学上或许会受到一定的抑制。这也是 PdO↔Pd 的转变温度在升温和降温时存在温度迟滞的原因。

从表 2.4 和图 2.5 中还可以看出，随着压力的降低，相变温度的临界值降低。压力的增加导致氧原子的化学势增加，有利于氧原子与金属原子的成键并形成稳定的氧化物，并且在相同温度下氧化物的生成吉布斯自由能降低，只有在更高的温度下才能使生成吉布斯自由能大于 0kJ·mol^{-1}。这在一定程度上解释了 Pd 催化剂在氧浓度较低时甲烷燃烧活性较低的现象。

热重(thermogravimetry, TG)提供了氧化物氧气吸/释量的实验数据，也为氧化物热力学稳定性提供了依据，几种催化剂的 TG 曲线如图 2.6 所示。在 1223K 时，曲线 1 和曲线 2 之间存在一个重量降低的过程，这是氧化相的体相中晶格氧的析出过程，图中并没有把完整的下降过程呈现出来。

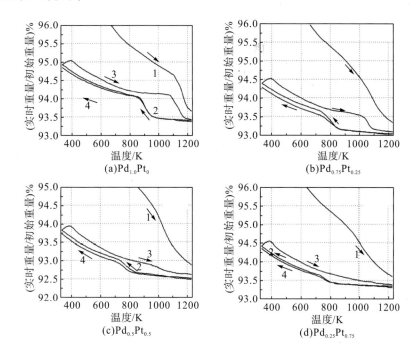

(a)Pd$_{1.0}$Pt$_0$　　　(b)Pd$_{0.75}$Pt$_{0.25}$

(c)Pd$_{0.5}$Pt$_{0.5}$　　　(d)Pd$_{0.25}$Pt$_{0.75}$

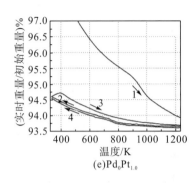 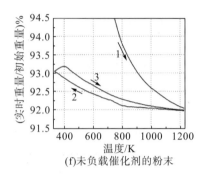

(e)Pd₀Pt₁.₀   (f)未负载催化剂的粉末

图 2.6　几种不同催化剂的 TG 曲线

注：样品从室温升温到 1223 K（曲线 1），保持 1223 K 恒温 0.5 h，再降温至 333 K（曲线 2），然后再加热到

1223 K（曲线 3），保持 1223 K 恒温 0.5 h，最后再降温至 333 K（曲线 4），其间的升降温速率为 10 K·min⁻¹。

Pd/Al₂O₃ 的热重曲线存在一个非常明显的质量迟滞区域。温度从 1223 K 降温过程（曲线 2），大约在 950 K 时样品的质量开始明显上升，表明此过程催化剂活性相正在吸收氧气，直到 850 K 时结束，整个过程持续约为 10 min。在最初的过程中（曲线 1），一些吸附自由基已经被去除，因此，当温度再次升高时，过程 3 不会再经历像过程 1 那样有较大的质量损失，过程 3 中失去的质量主要为 O 原子的质量。当温度为 1085 K 时，质量才开始明显下降，到 1200 时下降过程结束。过程 2 和过程 4 几乎重合，这表明催化剂在这两个过程经历了相同的释氧量。很明显，Pd 催化剂升温释氧以及降温释氧过程的初始温度不一样，分别为 1085K 和 950K，滞后了 135 K。

当 Pd 中加入 Pt 时，质量迟滞现象依然存在，不过释氧以及吸氧起始温度发生了变化。例如，Pd₀.₇₅Pt₀.₂₅ 的这两个温度分别为 1030 K 和 860 K，滞后温度约为 170 K。相比于 Pd，释氧温度从 1085 K 降低到 1030 K，这是由于 Pd 相比于 Pt 具有更强与 O 键合的能力以及更大的化学势。当加入 Pt 时，氧更容易从晶体中偏析并脱附。Pd₀.₅Pt₀.₅ 相比于 Pd₀.₇₅Pt₀.₂₅ 具有更多的 Pt 含量，这两个温度分别为 990 K 和 810 K，滞后约为 180 K。当 Pt 摩尔含量为 75 %时，催化剂没有明显的释氧起始温度，与 Pt 催化剂相似，并且 XRD 也得出了相同的结论。因此，氧气只能在表层进行吸附。

此外，相比于 Pd-Pt 催化剂，Pd 基催化剂的曲线 1 和曲线 3 的差值较小，这表明 O 在高温下很容易进入 Pd 催化剂颗粒的核心。随着 Pt 摩尔分数的增加，催化剂的 TG 曲线 3 和曲线 1 的差值增加，这表明在升温过程，O 很难再进入催化剂的体相，这也是富 Pt 催化剂甲烷催化燃烧稳定性更高的原因。TG 实验获得的 Pd₀.₇₅Pt₀.₂₅ 和 Pd₀.₅Pt₀.₅ 的相变开始温度为 1030 K 和 990 K，而热力学计算得到的 Pd₀.₇₅Pt₀.₂₅O 和 Pd₀.₅Pt₀.₅O 的相变温度为 1035 K 和 965 K。

2.4　本 章 小 结

本章主要对 Pd、Pt 和 Pd-Pt 双金属负载型催化剂的甲烷催化燃烧活性、稳定性进行了研究。首先，对 Pd、Pt 和 Pd-Pt 负载型催化剂进行了表征以及甲烷催化燃烧活性测试；

然后对催化剂氧化相的热力学稳定性做了实验研究和理论分析。主要结论如下。

(1)Pt 的加入导致催化剂的晶相结构产生了很大变化，即金属相增加而氧化相减少，$Pd_{0.25}Pt_{0.75}$ 和 $Pt_{1.0}$ 催化剂甚至没有检测到氧化相。由于 Pt 原子半径大于 Pd 原子，这使得晶格常数随着 Pt 含量的增加而增加。单金属 Pd 催化剂的表面 Pd 价态主要为+2 价，Pt 原子的加入会导致表面 Pd 原子的价态增加，Pd 反过来会使得 Pt 表面原子的价态降低。$Pd_{1.0}$ 和 $Pd_{0.75}Pt_{0.25}$ 催化剂具有很高的活性，但单金属 Pd 催化剂的稳定性很差。加入少量的 Pt 可极大地提高 Pd 催化剂的稳定性，且催化剂在高温下的稳定性相比于低温度下时较差。

(2)含 Pd 的催化剂在空气氛围下升温和降温的相变温度存在着滞后，且降温时相变温度更低。随着 Pt 摩尔分数的增加，单位质量催化剂的吸/释氧量不断降低，而且升温相变温度和降温相变温度也相应地降低。

(3)PdO 结构的氧化物生成吉布斯自由能(绝对值)随着 Pt 含量的增加而降低，而 α-PtO_2、β-PtO_2 和 Pt_3O_4 则与之相反。Pt 含量的增加导致 O 获得的电子数增加，并且 Pt 失去电子的能力比 Pd 更强。实验上获得的催化剂释氧相变温度与量子化学计算得到的结果十分接近，且富 Pt 催化剂很难形成稳定的氧化物。此外，压力越小，氧化物的热力学稳定性越差，相变的温度也越低。

第 3 章 甲烷在催化剂表界面的活化及断键

Pt 和 Pd 与 O 的键合能力有很大的差别,造成两种单金属催化剂的表面结构在相同氧浓度情况下有很大差别。两种金属进行掺杂后,其甲烷催化燃烧的动力学行为与单金属基催化剂有较大的区别。动力学分区的结果表明 Pd-Pt 双金属催化剂兼顾了 Pd 高氧浓度下以及 Pt 低氧浓度下高的甲烷氧化反应活性。基于前人研究者通过实验方法提出的一系列晶体结构及其表面结构,结合几种催化剂的 XRD 图谱可以看出,双金属的晶面指数一般为(100)和(111)两种,其中(111)由于为密堆积结构而更为稳定,而氧化结构为 PdO(101) 和 PdO(100)。在 3.1 节中将对甲烷和氧气在 Pd-Pt 双金属催化剂表面的活化过程进行 DFT 研究,获得甲烷在不同氧化学势情况下催化燃烧的关键动力学参数。

甲烷的吸附解离步骤存在特别大的熵减,所以在所有的动力学区间都被假设是反应速控步。在 3.2 节中,为了阐明催化剂在不同 O_2 和 CH_4 浓度下的动力学行为,需要结合实验结果构建化学动力学模型,提出简单的化学反应机理,并推导出甲烷催化燃烧反应表达式。因此,利用 Eley-Rideal、Langmuir-Hinshelwood 和 Mars-van Krevelen 的方法对甲烷在不同氧化学势情况下的反应机理进行了研究,获得了 *-*[①],O*-*,O*-O*,Me-O 几种不同的催化剂表面上的甲烷催化燃烧反应速率方程。此外,探讨了甲烷催化燃烧的产物对甲烷燃烧速率的影响,并进一步验证了反应动力学机理的准确性。

3.1 甲烷和氧气在 Pt、Pd 及其合金催化剂表面的活化过程

本节量子化学计算基于 DFT 方法计算 Kohn-Sham 方程采用广义梯度近似(generalized gradient approximation,GGA),交换相关函数采用 PBE(Perdew-Burke-Eruzerhof)。由于 CH_4 和催化剂表面为范德瓦耳斯力作用,所以所有的 CH_4 和 O_2 物理吸附结构都加上 DFT-D 矫正。参数设置为:对于 Pd 和 Pt 金属原子,内层电子的相对论效应必须考虑,因此价电子和芯电子之间的相互作用通过超软赝势(ultrasoft pseudopotentials,US-PP)表示;由于 Pd 和 Pt 不是磁性材料,所以自旋极化(spin polarization)不用考虑。布里渊区的特殊点积分通过 Monkhorst-Pack 方法来实现;所有固态催化剂模型的平面波的截断能量都设置为 380 eV;所有切面结构的 k 点都采用 6×6×1。结构优化和能量计算中的自洽迭代收敛标准设置为:自洽场收敛(self-consistent field,SCF)$2.0×10^{-6}$ eV/atom;能量收敛标准为 $2.0×10^{-5}$ eV/atom;所有的原子力小于 0.05eV/Å;位移偏差小于 $2.0×10^{-3}$Å。在没有特别说明的情况下,催化剂模型的表面或者氧化层基底采用(2×2)的周期性超胞,这在其他研究当中常常被使用(Liao et al., 1997; Westerström et al., 2011)。在所有的构型当中,平板模型之间的真空层

---

① *表示活性空位。

间距大于 12Å。过渡态(transition state，TS)的寻找是通过线性同步度越(linear synchronous transit，LST)/二次同步度越(quadratic synchronous transit，QST)方法。

3.1.1　氧气在 Pt、Pd 金属表面的吸附解离过程

3.1.1.1　氧原子吸附自由基在金属表面的吸附能

氧气的吸附能的大小对氧气的解离以及甲烷的催化燃烧都非常重要，接下来对氧气在两种单金属催化剂上不同氧覆盖情况下的氧吸附行为进行探讨。(100)面是氧化物形成较为重要的金属基底，那么(100)表面氧的吸附能就变得很重要了。从图 3.1 可以看出，随着覆盖的增加，几种催化剂的氧吸附能都逐渐降低，很多文献(Datye et al., 2000; Ciuparu et al., 2002)认为这主要是 O 与其距离最近的 O 原子之间的横向作用导致的。然而，O 与 O 原子的距离已经达到了金属原子之间的距离，超过了 2.7Å，这比 O_2 分子键长 1.2Å 要大很多。因此，O 原子的吸附能随着氧覆盖增加而减小主要归因于其与金属的配位关系。随着氧覆盖的增加，一个 O 原子周围的金属原子已经被其他氧原子所占据，金属配位数增加，这使得金属原子与这个 O 原子的成键能力降低，所以吸附能也随之降低。1/4 O 覆盖表面的吸附能要比 O 全覆盖表面大 0.4~1.0 eV，其中在 Pd(111)上的差距最大，而在 Pt(100)表面上的差距最小。这种差距也表明，当氧分压较低时，Pd(100)表面很容易吸附 O 原子，这是其体相容易被氧化的重要原因之一。而 Pt(100)在低氧浓度下的吸附能较低，所以 Pt 表面难以被氧化。

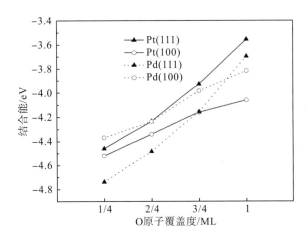

图 3.1　O 在不同金属表面不同覆盖度情况下的结合能

(100)表面上的吸附 O 配位两个金属原子，表面上的金属原子之间没有(111)那么紧密，所以(100)表面金属原子之间的影响较(111)表面小。此外，(100)表面的金属原子主要受到次层金属原子配位数的影响，所以 O 的覆盖度对表面金属原子对氧气吸附的影响应该是间接性的。因此，(100)随着氧覆盖的增加其氧吸附能的降低程度要低于(111)表面。此外，在同一种金属以及同一种氧覆盖度的情况下，(100)表面的氧吸附能要大于(111)表面，这是由于(100)表面原子具有较低配位数。从图 3.1 还可以看出，随着氧覆盖度的

增加，Pt(111)与(100)金属表面的差值逐渐增加，而 Pd 金属表面的差值逐渐降低，导致 Pt(111)表面在高的氧分压情况下依然难以被氧化。

3.1.1.2　O=O 键在不同氧覆盖度下的 Pt、Pd 金属表面的活化过程

在前面的探讨中发现(111)表面才是催化剂在动力学区间Ⅰ、Ⅱ和Ⅲ主要的活性表面，因此这里仅讨论(111)表面上的 O_2 的解离。图 3.2 为 O_2* 直接在金属表面解离成两个 O*：O_2 首先通过物理吸附吸附在金属上方，这个过程为前驱态，此状态 O 与 Pt 原子之间的距离为 3.2Å，且吸附能为 13 kJ·mol^{-1}，其数值小于 30 kJ·mol^{-1} 应为物理吸附状态。如果 O_2 直接解离，那么两个 O 原子将直接解离吸附到两个 fcc 位置，可以看出，解离的活化能为 61 kJ·mol^{-1}，而两个 O* 结合生成 O_2* 时需要克服 231 kJ·mol^{-1} 的能垒；O_2+*⟶O_2* 的过程具有很大的熵减，O_2 的平动、转动和振动都有很大的限制，但是 O_2*+*⟶2O* 过程仅有振动熵的改变，这对反应速率并没有太大影响。此外，由于反应过程的反应热为 −183 kJ·mol^{-1}，这使得在干净表面 2O*⟶O_2+2* 的反应很难发生，所以 O_2*+*⟶2O* 不可逆的假设是成立的。在过渡态时，两个 O 原子的位置是对称的，O=O 键长逐渐被拉长，并且 O 原子和两个 Pt 原子结合形成新的化学键。最后，产物 O=O 键被金属表面的势能拉断，O 原子重新与三个 Pt 原子结合吸附在穴位上。

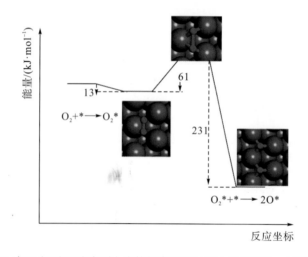

图 3.2　O_2 在 Pt(111)干净表面上直接解离反应过程中的反应物、过渡态和产物

不过在后续的研究中发现 O_2 吸附后，在解离成 O*-O* 之前还要经历一个稳定的中间体结构，如图 3.3(a)所示。O_2* 在放出 80 kJ·mol^{-1} 的能量后，两个 O 原子分别吸附在两个金属原子的顶位上，这个过程中损失的能量超过了物理吸附所损失的能量，为化学吸附过程。O 和 Pt 原子的键长为 2.105Å，而 O 和 O 的键长由物理吸附态时的 1.242Å 变成 1.335 Å，所以 O 与 O 的键长仅稍有增加，表明 Pt 与 O 成键的能量并不高，过程损失了 80 kJ·mol^{-1} 的能量。在此对称化学吸附结构之后的过程，O_2* 中的键长会继续增加，两个 O 同时向一个方向进行偏移，从 O_2* 吸附态到过渡态需要 124 kJ·mol^{-1} 的能量。然后，形成稳定的 O* 吸附结构，氧气的解离从过渡态到产物要放热 214 kJ·mol^{-1}。

图 3.3(b) 为 O_2 在大于 0.75 ML(mono-layer)氧覆盖度情况下的吸附解离过程。这种情况下的活性空位很少，活性空位周围应该被吸附的 O* 所包围，使得此活性位的配位数达到了较为饱和的状态，因此活性位活性并不高。模拟过程中将 O_2 分子以各种方式拉近活性位，优化过后都会远离活性位而成为物理吸附状态，所以 O_2^* 的初始态应为物理吸附。经过 127 kJ·mol^{-1} 的能垒后，$^aO^bO^*$ 与邻近的一个 $^cO^*$ 进行反应，$^aO^bO^*$ 将其中一个 ^aO 原子传递给 $^cO^*$ 生成 $^cO^aO^*$，反应方程为 $^aO^bO^* + {}^cO^* \longrightarrow {}^cO^aO^* + {}^bO^*$。这个过程是表面 O_2^* 与吸附 O 的原子交换过程，最上层的 O 在这个过程中可以进行横向迁移。在过渡态时，三个 O 原子都远离催化剂表面，并且 (O-O-O)^{TS} 结构为轴对称结构，O 原子交换的反应热为 0 kJ·mol^{-1}。经过数次的迁移后，如果此刻恰好碰到两个活性空位，那么 O_2^* 将越过 228 kJ·mol^{-1} 的能垒进行解离反应，反应热为 +42 kJ·mol^{-1}，表明氧气的吸附解离为吸热反应。优化过程中发现 O_2^* 在 0.5 ML O 覆盖的表面解离依然为物理吸附，难以在 *-* 上先经历一个化学吸附过程。通过前面的分析可以看出，氧覆盖的情况下 O_2 解离活化能要大很多 (61 kJ·mol^{-1} vs 228 kJ·mol^{-1})。由于解离过程的逆反应能垒高达 231 kJ·mol^{-1} 和 186 kJ·mol^{-1}，所以在动力学区间 I 和动力学区间 II 都假设 $O_2^* + * \longrightarrow 2O^*$ 为不可逆反应是合理的。而动力学区间 III 中，氧气为全覆盖，那么 O_2^* 很难再找到 *-* 配对活性位，即使遇到一个活性位也会经过 127 kJ·mol^{-1} 的能垒变成一个吸附在活性空位上的 O_2^*。这种情况下，可以认为 O_2 的吸附解离是可逆的，并且 O_2 的解离并不能成为速控步。

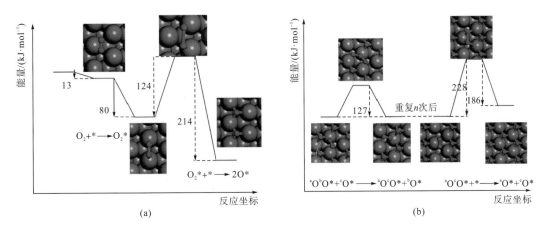

图 3.3　O_2 在 (a) Pt(111) 干净表面和 (b) 氧近饱和覆盖表面上解离反应过程中的反应物、过渡态和产物

注：a、b 和 c 分别表示不同的氧原子。

图 3.4 为 O_2 在 Pd(111) 面上的解离过程，图 3.4(a) 中 O_2 从气相通过物理吸附在 Pd(111) 上时吸附能为 -11 kJ·mol^{-1}，然后又降低 64 kJ·mol^{-1} 的能量吸附在一个 Pd 顶位上和两个 Pd 组成的桥位上，其与 Pt(111) 上两个 O 原子同时吸附在顶位上不同。当优化前 Pd 上的两个 O 原子都放在顶位上时，优化后的结构也会有一个 O 原子进入到桥位上。与 Pt(111) 不同的是，化学吸附后的 O_2^* 仅需要经历 67 kJ·mol^{-1} 的能垒就能解离成两个 O*，而且氧气解离为放热 -101 kJ·mol^{-1}，要小于在 Pt 上解离所释放的能量 -183 kJ·mol^{-1}。在 O 覆盖度大于 0.75 ML 时，O 原子的替换和迁移过程活化能为 103 kJ·mol^{-1}，这个过程的化学能垒

小于在 0.75 ML O 覆盖的 Pt(111) 上。而且当 O_2^* 最终找到另外一个活性位时，在 Pd(111) 上的解离活化能为 201 kJ·mol^{-1}，比 Pt(111) 表面的氧气解离活化能 228 kJ·mol^{-1} 小。此外，O_2^* 解离的过程为吸热过程，吸热量为 22 kJ·mol^{-1}。综上所述，O_2 在 Pd(111) 表面更容易解离和迁移，导致 Pd 催化剂在低氧浓度情况下不经历动力学区间 I 和动力学区间 II。而且在较高氧分压氛围下，O 在 Pd 表面很容易形成氧化物表面。

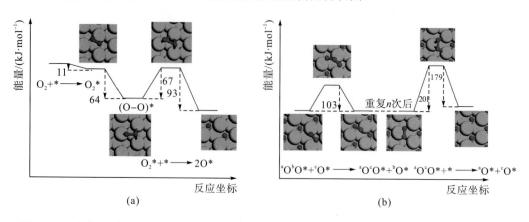

(a)   (b)

图 3.4 O_2 在 (a) Pd(111) 表面和 (b) 氧近饱和覆盖表面上解离反应过程中的反应物、过渡态和产物

注：a、b 和 c 分别表示不同的氧原子。

3.1.2   催化剂不同氧化状态下甲烷的活化解离

前面探讨了氧气的解离过程，氧气的浓度对催化剂的表面 O 覆盖度及催化剂自身的氧化状态至关重要，并且影响甲烷的解离及氧化过程。接下来将对甲烷在不同类型催化剂表面的解离过程进行分析和讨论。

为了探讨双金属催化剂相比于单金属催化剂在类似甲烷氧化动力学区间的不同之处，需要构建与单金属催化剂相似的物理模型，并对其重要的动力学参数进行计算、分析和比较。由于双金属的合金相表面有非常多的掺杂方式，这里仅仅作它们等摩尔均匀掺杂的探讨，即除了表层的原子为单一金属原子之外，次层以及次层以下的原子都为均匀掺杂。最后有八种构型来进行探讨，即 Pd(hkl)、Pt(hkl)、Pd/PdPt(hkl) 以及 Pt/PdPt(hkl)，其中 (hkl) 为 (111) 和 (100) 切面。催化剂表面吸附氧的情况也用类似的方法。由于在氧分压较高的情况下 Pd 更容易偏析在表面，所以在后续探讨单层氧化物及多层氧化物时，将它们金属基底设置为稳定的 Pt 基底。综上，本节将研究甲烷在金属表面、部分氧覆盖的金属表面、氧原子完全覆盖的金属表面、单层及多层氧化物表面、氧化物表面的解离过程及相关键长和能量参数。

3.1.2.1   金属表面*-*上的甲烷解离速控步

首先探讨 Pd、Pt 单金属表面情况，氧气的解离和甲烷的解离都在金属表面上进行，自由基碰撞解离成更小的吸附自由基然后实现甲烷催化燃烧反应。从不同动力学区间的探讨来看，甲烷在金属表面解离情形应该属于动力学区间 I（干净表面）和动力学区间 II（部分氧覆盖表面)低的氧气甲烷摩尔比阶段。本节探讨两种金属表面 Me(111) 和 Me(100)，这两种金属表面在很多参考文献当中都有涉及 (Nattino et al., 2016; Tait et al., 2005)。探讨 Pd 和 Pt 基催化剂各自单金属状态下甲烷解离的活性，对深入分析双金属相的催化活性有重要的意义。

图 3.5 为 (111) 和 (100) 两种金属切面结构，计算 Pd 和 Pt 元胞可得到各自原子间键长分别为 2.776Å 和 2.837Å，可见 Pd 原子比 Pt 原子直径小。在探讨双金属催化剂模型前，首先分析 CH_4 在 Pd 和 Pt 单金属表面解离活化的情形。(111) 和 (100) 表面分三种吸附位置：顶位 Top(T)、桥位 Bridge(B)、穴位 Hollow(H)。顶位即吸附物吸附在单个金属原子上，桥位则是吸附在两个金属原子上，而穴位则吸附在 3 个或者 4 个金属原子上。穴位 (H) 又分为面心立方 (fcc) 和密排堆积结构 (hcp)。

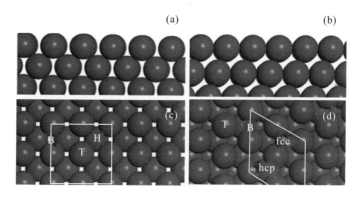

图 3.5　(a)(b)(c) 和 (d) 分别为 Me(100) 和 (111) 面的正视图，Me(100) 和 (111) 面的俯视视图

首先以单金属 Pd 催化剂作为研究对象。甲基更容易吸附在顶位，无论是 (111) 面还是 (100) 面都是如此 (Liao et al., 1997; Hendriksen et al., 2004)。解离出来的 H 原子很难找到其非常稳定的吸附位置，这是因为 H 原子在金属表面上各个位置上的吸附是简并的 (Psofogiannakis et al., 2006)，所以需要对 H 吸附在不同位置上的情况都进行活化能的计算。

对于甲烷在 Pd(100) 表面的解离，当 H 吸附在顶位时，其活化能为 69kJ·mol^{-1}；当 H 原子吸附在桥位上时，H 原子远离 CH_3，这时的活化能高达 132kJ·mol^{-1}。主要原因在于 CH_3 位置最近桥位的部分电子已经与 CH_3 进行成键，而远离 CH_3 的桥位由于距离 CH_3 太远，使得过渡态结构与反应物和产物都相差较大。过渡态当中解离出来的 H 原子与 C 和 Pd 原子的键结合能力都较低，导致过渡态能量较高；当 H 吸附在穴位时，活化能相比于其吸附在顶位时高，为 77kJ·mol^{-1}。因此，甲烷在 Pd(100) 表面的解离活化能为 69kJ·mol^{-1}。同样，本节也对 Pt(100) 表面做了同样的研究，H 吸附在顶位具有最小的活化能，为 48kJ·mol^{-1}，如图 3.6 所示。此外，双金属催化剂上甲烷解离活化的过程也遵循这个规律。Pt(100) 上的甲烷解离活化能显然要低于 Pd(100)，这是因为 Pt 原子对 CH_3 和 H 的吸附能均比 Pd 原子的吸附能大 (−1.640kJ·mol^{-1} vs −2.197kJ·mol^{-1}，−4.381kJ·mol^{-1} vs −4.628kJ·mol^{-1})。

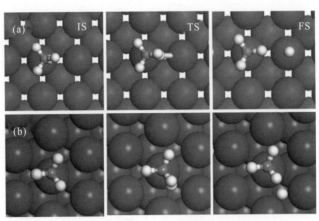

图 3.6　(a)和(b)分别为 Me(100)和 Me(111)面上甲烷解离的初态(initial state，IS)反应物、过渡态 (transition state，TS)和终态(final state，FS)产物俯视图

　　当基底为 Pd-Pt 双金属表面时，金属催化剂的表面活化能都有不同程度的增加，Pd/PtPd(100) 和 Pt/PtPd(100)的甲烷解离活化能比其单金属表面的活化能都要高，基底的晶格常数通过 Vegard 定理(Denton and Ashcroft, 1991)确定。最终基底的原子平均间距为 2.807Å，此数值比 Pt 原子之间的间距(2.837Å)小而比 Pd 原子之间的间距(2.776Å)大。计算得到的活化能分别为 64kJ·mol^{-1} 和 52kJ·mol^{-1}，如表 3.1 所示。可以看出，Pd/PtPd(100) 的甲烷解离活化能(64kJ·mol^{-1})要比 Pd(100)的解离活化能(69kJ·mol^{-1})更低。虽然 H 原子的吸附能相差不大，但是 CH_3 的吸附能(-2.496 kJ·mol^{-1})比 Pd/PtPd(100)的解离活化能 (-2.348kJ·mol^{-1})较高。Pt/PtPd(100)的活化能为 52kJ·mol^{-1}，这比 Pt(100)的活化能 48 kJ·mol^{-1} 更大，而且 CH_3 和 H 在 Pt/PtPd(100)上的吸附能都要大于 Pt(100)(CH_3: -2.685kJ·mol^{-1} vs -2.544kJ·mol^{-1}, H: -3.949kJ·mol^{-1} vs -3.744kJ·mol^{-1})。表明 Pd-Pt(100)双金属基底增加了表面 Pd 原子的原子间距，导致 d-带中心向费米能级移动，从而使甲烷解离活化能降低。同样，Pd 的引入使表面 Pt 原子间距减小，甲烷解离活化能相比于 Pt(100)增加。

表 3.1　Me(111)和 Me(100)金属表面上第一步甲烷解离的活化过程，
CH_3 和 H 的吸附能为非共吸附情况下得到的

洁净的催化表面		过渡态键长/Å			活化能 /(kJ·mol^{-1})	结合能/eV [Site]	
		C—H	Me—C	Me—H		CH_3	H
(111)	Pd	1.607	2.233	1.665	83	-2.253	-3.812
	Pt	1.634	2.336	1.670	78	-2.435	-3.720
	Pd/PtPd	1.598	2.231	1.673	79	-2.319	-3.805
	Pt/PtPd	1.582	2.343	1.667	75	-2.513	-3.744
(100)	Pd	1.705	2.141	1.697	69	-2.348	-3.679
	Pt	1.491	2.221	1.728	48	-2.685	-3.949
	Pd/PtPd	1.652	2.201	1.713	64	-2.496	-3.665
	Pt/PtPd	1.508	2.213	1.718	52	-2.544	-3.744

　　(111)表面的穴位由表面的三个金属原子构成，其结构与(100)面不同。很多研究表明 H 原子解离后应该吸附于穴位上(Liao et al., 1997; Nattino et al., 2016; Psofogiannakis et al., 2006; Zhang et al., 2012)，这里不再进行重复探讨。CH_4 首先与催化剂表面形成较弱的范德瓦耳斯力。然后经过过渡态(TS)，CH_4 的一个 H 原子受到表面金属原子的作用，与 C 的作用力减弱，而与金属原子的作用力增强，整个过程为化学键的断裂和生成。甲烷 C—H 键的键长为 0.98Å，而在过渡态其值约为 1.6Å(催化剂的不同导致不同的键长)。甲烷在 Pt(111) 面上的解离活化能为 78kJ·mol^{-1}，这个数值比 Pt(100) 面上的解离活化能 (48kJ·mol^{-1})要大。尽管(111)和(100)表面的每个金属原子的配位数都为 8，但是(100)面每个表面的原子其周围的表面配位原子为 4，而相应的(111)为 6，导致(100)表面具有更强的成键能力。因此，不管是 Pt 还是 Pd，(111)表面的甲烷解离活化能都比(100)更大。此外，(111)表面比(100)表面更稳定，更难被氧化，在讨论甲烷在金属表面解离的情况时，一般都以(111)面作为探讨的主要对象。虽然本节没有直接通过实验的方法获取金属表面的甲烷解离活化能，但是 DFT 计算得到的活化能和其他研究者实验获得的活化能接近(Wei and Iglesia, 2004)。因此，可以将(111)面当成甲烷在较低浓度氧气情况下的活性表面。

　　Pt 金属表面的甲烷解离活化能要比 Pd 金属表面的小，主要原因在于 Pt 原子半径更大，在不考虑电子效应的情况下 d-带中心(d-bond center)更靠近费米能级。尽管 Pt/PdPt(111) 比 Pt(111) 的表面原子间距要小，但是由于次层 Pd 原子的电子效应使得 Pt/PdPt(111) 表面的 Pt 原子对 CH_3 和 H 的吸附要大于 Pt(111) 的表面 Pt 原子(CH_3: −2.513kJ·mol^{-1} vs −2.435kJ·mol^{-1}, H: −3.744kJ·mol^{-1} vs −3.720kJ·mol^{-1})，导致 Pt/PdPt(111) 具有甲烷解离活化能 75kJ·mol^{-1} 小于 Pt(111) 表面的甲烷解离活化能 78kJ·mol^{-1}。PdPt(111)基底增加了表层 Pd/PdPt(111) 的原子间距，使其 d-带中心向费米能级移动，相应地 CH_3 吸附能较 Pd(111) 大而反应活化能较小。在晶面结构相同情况下，催化剂的活性与原子间距(拉伸效应，tensile strain effect)和元素种类(配位场效应，ligand effect)相关。相比来讲，不管是(111)面还是(100)面，Pt 原子对 CH_3 的吸附能要大于 Pd 原子。在相同结构的单金属晶面上富 Pd 原子的活化能要大于富 Pt 原子。结果表明这种差别并不大，并且对反应速率的影响也较小。此外，动力学区间 I 的甲烷氧化速率和 CH_4 的解离并不直接相关，而与 O* 的供给情况紧密相关。

3.1.2.2　部分氧覆盖 O*-* 上的甲烷解离速控步

　　随着氧分压的增加，金属相表面会越来越多地被 O 原子覆盖。在氧部分覆盖的情况下，甲烷可能会在金属表面直接解离(*-*)，也可能在金属原子和氧覆盖表面(O*-*)或者在 O*-O* 表面解离。当然，最快速反应路径取决于活化能的大小，这是因为活化能的不同带来的反应速率可能是数量级的差别。本小节探讨部分覆盖表面的甲烷解离活化能，即甲烷在氧原子和金属原子上解离，甲烷在 O*-O* 上的解离将在下一小节进行探讨。

　　首先讨论 1/4ML(mono-layer)氧覆盖度表面 [图 3.7(a)、(b)] 和 3/4ML 氧覆盖度表面 [图 3.7(c)、(d)]。1/4ML 氧覆盖度表面主要适用于低覆盖度表面的情形，这种情况下的氧气分压较小，氧气的含量并不能满足甲烷解离后产生的自由基所需的氧量，因此催化剂表面主要由活性空位或者由甲烷解离生成的自由基组成。因为氧的覆盖度很小，所以满足动力学区间 I 的条件。对于动力学区间 II 的情形，在本章 3.1 节也探讨过，存在两种可能的情况，即甲烷在金属活性位上解离或者在 O*-*配对的活性位上解离。前一种情况在前面已经讨论过，接下来探讨后一种情况。

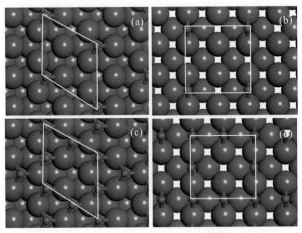

图 3.7　(a) 和 (c) 分别为 1/4 ML O 和 3/4 ML O 覆盖 Me (111) 正视图，
(b) 和 (d) 分别为 1/4 ML O 和 3/4 ML O 覆盖 Me (100) 正视图

对于 1/4ML 氧覆盖表面的情况而言，CH_3*吸附在金属原子顶位，而 H 和 O 结合生成 OH*。CH_4 在 1/4ML O 覆盖的 (111) 面上解离时［图 3.8(a)］，CH_3 吸附在金属顶位，O 和 H 的结合使其自身与表面的键能降低，导致 O 原子由穴位吸附变成桥位吸附。由于 (100) 表面的金属原子活性高于 (111) 面，所以 O 可以很稳定地吸附在桥位上，CH_4 解离的过程如图 3.8(b) 所示。计算结果表明 1/4ML O (111) 面的活化能要大于 1/4ML O (100)，这个数值大小的对比对于 Pd 和 Pt 催化剂都同样适用。(111) 面上的 O 原子和三个金属原子进行结合，而 (100) 面上的 O 原子和两个金属原子相结合，导致 (100) 面上的氧原子配位数降低，有更多的自由电子分配给 CH_4 用于解离。此外，Pd 原子的配位数较小，导致其对 CH_3 的吸附能力增强，CH_3*和 H*吸附能的增加使其在过渡态时 C—H 键的结合能较低［TS 状态，C—H 键长：1.401Å、1.350Å、1.425Å 和 1.478Å 分别对应 Pd (111)、Pt (111)、Pd (100) 和 Pt (100)］，所以 CH_4 在 1/4ML O (100) 上更容易解离。1/4ML O 覆盖 Pt (100) 上的甲烷解离活化能要小于在 3/4ML O 覆盖 Pd (100) 上的解离活化能，主要是由于 CH_3 在 1/4ML O 覆盖的吸附能比在 Pt (100) 上更高。然而 1/4ML O 覆盖的 Pt (111) 上的甲烷解离活化能要大于在 Pd (111) 上的解离活化能，这是因为 Pd 原子与 O 的键合能要强于 Pt (也是 PdO 比 PtO 更稳定的原因)，从而 Pt 上氧原子的活性要高于 Pt 上的 O 原子。尽管 CH_3 的吸附能在 1/4 ML O 覆盖的 Pt (111) 上更高 (Pd 和 Pd，−2.314 eV vs −2.586 eV)，但是显然 O 的贡献更大。值得注意的是，尽管 H 在 O 上的吸附能要大于 H 在金属表面的吸附能，但是 CH_4 在 Pd 和 Pt 表面的解离活化能要小于在 O*-*上的解离活化能。主要的原因在于 O 的吸附导致其周围金属原子失去电子的能力降低。很明显的证据就是 CH_4 处于解离过渡态时，*-*上的 Me—C 的键长要比 O*-*上的短 (如：Pd (111)，2.233Å vs 2.730Å)。

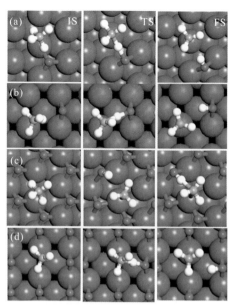

图 3.8　(a)(b)(c)和(d)分别为甲烷在 1/4 ML O 覆盖 Me(111)，1/4 ML O 覆盖 Me(100)，3/4 ML O 覆盖 Me(111)，3/4ML O 覆盖 Me(100)解离的初态(IS)反应物，过渡态(TS)和终态(FS)产物俯视图

　　对于 3/4ML 氧覆盖的表面情况而言，CH_3 依然吸附在金属原子上。不过由于金属原子随着氧原子的吸附使得其本身的配位数增加，活性要比金属表面或者低氧覆盖的表面低。可以从表 3.2 中可以看出，CH_3 在 3/4ML O(111) 表面的金属原子上的吸附能小于 2.0eV，而同样在低氧覆盖度情况下的金属原子上的吸附能大于 2.0eV，它们的差值约为 0.4eV。因此，高氧覆盖度的表面 CH_4 解离活化能一般要大于较低氧覆盖度表面 CH_4 解离活化能。图 3.8(c)和图 3.8(d)分别为 CH_4 在 3/4 ML O(111) 和(100)面上的解离过程，由于大部分表面活性位已经被 O 原子覆盖，CH_3 需要吸附在高配位的金属原子上，同时导致甲烷在 O 覆盖度较高时具有较大解离活化能。此外，基底为双金属合金时的甲烷解离活化能要高于基底为单金属时的甲烷解离活化能，但是这种差别对反应速率的影响并不大。

　　表面为 Pd 时高氧覆盖度表面 O*-* 的甲烷解离活化能也较低，而且(100)为基底的表面活化能明显更低，这对 Pd 和 Pt 同样适用。虽然 3/4 ML O 覆盖 Pd(111)上 CH_3 和 H 的吸附能要比在 3/4 ML O 覆盖的 Pt(111)上小，但是过渡态时 C—H 键的长度却更长，这导致其活化能更小。所以在一些情况下，并不能仅通过 CH_3 和 H 的吸附能差别来直接比较甲烷解离活化能的大小。

表 3.2　Me(111)和 Me(100)表面覆盖 1/4ML O 和 3/4ML O 原子时其表面上第一步甲烷解离的活化过程，CH_3 和 H 的吸附能为非共吸附情况下得到的

催化表面及 O 覆盖度		键长/Å 过渡态				活化能 /(kJ·mol^{-1})	结合能/eV [Site]	
		C—H	Me—C	Me—H	H—O		CH_3	H
3/4 ML O	Pd(111)	1.601	2.730	2.553	1.029	135	−1.640	−4.381
	Pt(111)	1.312	2.352	2.123	1.521	147	−2.197	−4.628

续表

催化表面及 O 覆盖度		键长/Å 过渡态				活化能 /(kJ·mol⁻¹)	结合能/eV [Site]	
		C—H	Me—C	Me—H	H—O		CH₃	H
3/4 ML O	Pd/PtPd(111)	1.623	2.803	2.532	1.123	139	−1.562	−4.210
	Pt/PtPd(111)	1.289	2.413	2.231	1.483	152	−2.180	−4.395
	Pd(100)	1.630	2.975	2.580	1.689	93	−1.906	−4.874
	Pt(100)	1.528	3.189	2.726	1.523	125	−2.228	−4.652
	Pd/PtPd(100)	1.608	3.021	2.183	1.723	96	−1.884	−4.732
	Pt/PtPd(100)	1.544	3.213	2.725	1.589	132	−2.138	−4.589
1/4ML O	Pd(111)	1.401	2.430	2.153	1.385	105	−2.314	−4.022
	Pt(111)	1.350	2.333	2.086	1.424	118	−2.586	−3.981
	Pd(100)	1.425	2.657	2.601	1.349	92	−2.289	−4.689
	Pt(100)	1.478	2.240	1.858	1.612	71	−2.645	−4.500

　　动力学区间 I 在低 O_2/CH_4 摩尔比部分的甲烷解离应该在金属活性位上进行。而当氧覆盖度较高时(动力学区间 II,高氧气甲烷摩尔比),金属活性位数较少,CH_3 会在 O*-* 上进行解离,此刻活化能有所增加。而在较高的 O_2/CH_4 摩尔比部分,尽管甲烷仍然在 O*-* 上进行解离,但此刻金属活性空位已经非常稀少,而且 O* 覆盖度的增加使得甲烷在 O*-* 上的解离活化能接近于在 O*-O* 上的解离活化能(下一小节将讨论)。反应位置的变化意味着甲烷氧化反应由动力学区间 II 过渡到了动力学区间III,在动力学区间 II 的末端以及动力学区间III的初始位置并不是很好区分(临界位置,O_2/CH_4=1.5~3),具体的临界位置由活性表面两种金属原子的配比、反应温度、氧化学势共同决定。

3.1.2.3　C—H 键在 O*-O* 上的活化过程

　　在前两小节中探讨了在*-*以及*-O*上的甲烷活化过程,结果表明在*-*的甲烷解离活化能要小于在 O*-* 上的,而且随着氧覆盖度的增加,O*-* 上的甲烷解离活化能也相应增加,本小节将探讨甲烷在 O*-O* 上的活化过程,O*-O*结构如图 3.9 所示。在低氧覆盖度情况下甲烷也能在 O*-O* 上进行反应,只不过相比于在*-*和 O*-* 上的反应速率要低得多,可以忽略不计。由于在前面的探讨中我们发现双金属基底对催化反应活化能影响不大,这里不再进行类似的探讨而仅仅讨论单金属氧饱和覆盖表面情形。O*饱和的表面缺乏氧空位或者暴露在表面的金属原子,所以需要 C—H 键在 O*-O* 上断裂。氧气分压决定着催化剂表面的氧覆盖度和体相的物性,Pt 基催化剂表面主要为氧全覆盖表面。对于较小的催化剂颗粒(<3nm),具有很多低配位的金属原子(转角和边缘),那么 O-Me 的键结合能更高,导致金属原子更容易被氧化。由于所合成的催化剂金属活性颗粒直径远大于 3nm,Pt 催化剂颗粒即使是在 873K,20kPa O_2 的氛围下也难以被氧化(Muller and Roy, 1968)。

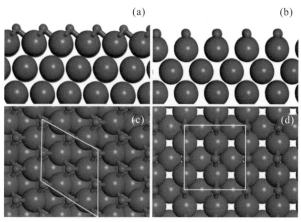

图 3.9　(a)(b)(c)和(d)分别为 1ML O 覆盖在 Me(111)和 Me(100)面上的正视图，

Me(111)和 Me(100)面上的俯视图

CH$_4$ 在 1ML O(111)面上的活化，如图 3.10(a)所示。可以从 FS 态看出，H 会解离吸附在一个 O 原子上面，导致 TS 状态的 H 原子相比于 C—O—O 平面有一定的位置偏移。而且在 TS 中，C—O 键的键长接近于 3Å(Pd 与 Pd，2.925Å vs 3.251Å，表 3.3)，要比在金属原子上的 C—Me 键长更长，因此活化能也更高。CH$_3$ 在 O 上的吸附能很强，甚至比在金属原子上的要高得多。然而，CH$_4$ 在 O*-O* 上的活化能依然很高，所以通过直接比较 CH$_3$—O 与 CH$_3$—Me 的吸附能来判断相应活性位点的活性并没有太大的意义。

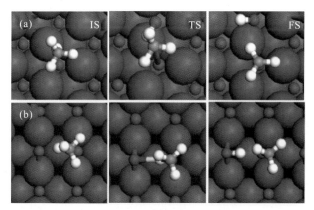

图 3.10　(a)和(b)分别为 1ML O 覆盖的 Me(111)和 Me(100)面上甲烷解离的

初态(IS)反应物、过渡态(TS)和终态(FS)产物俯视图

CH$_4$ 在 1ML O(100)面上的活化，如图 3.10(b)所示。由于 1ML O(100)面上的两个相邻 O 原子的距离与 1ML O(111)面的距离一样，对过渡态并没有太大影响。导致它们过渡态差别的原因主要在于(100)表面的氧原子为两个金属原子配位，而(111)为三个金属配位，(100)表面的氧原子活性更高，所以甲烷解离活化能更低。此外，Pd 和 Pt 氧完全覆盖表面的甲烷解离活化能差别较大，相比来讲 Pd 氧全覆盖表面的甲烷解离活化能更小，这主要是由于其表面的 CH$_3$ 具有更大吸附能。Pd 氧全覆盖表面即使在低氧化学势情况下

也难以稳定存在，因为在此之前其表面可能已经被氧化成氧化物表面。对于 Pt 单金属催化剂来讲，实验得到 Pt 催化剂在动力学区间Ⅲ的活化能为 $160 \ kJ·mol^{-1}$，这个数值处于计算得到的活化能 $105 \ kJ·mol^{-1}$ 和 $175 \ kJ·mol^{-1}$ 之间。而 Pd 催化剂在动力学区间Ⅲ的活化能为 $145 kJ·mol^{-1}$，处于模拟所得到的活化能 $163 kJ·mol^{-1}$ 和 $88 \ kJ·mol^{-1}$ 之间，表明 Pd 氧全覆盖表面的活性比 Pt 氧全覆盖表面的活性高。

表 3.3　Me(111) 和 Me(100) 表面覆盖 1 ML O 原子时其表面上第一步甲烷解离的
活化过程，CH_3 和 H 的吸附能为非共吸附情况下得到的

活性表面		键长/Å 过渡态			活化能 /(kJ·mol⁻¹)	结合能/eV [Site]	
		C—O	H—C	H—O		CH_3	H
1ML O	Pd(111)	2.925	1.478	1.135	163	−3.364	−4.730
	Pt(111)	3.251	1.574	1.423	175	−3.121	−4.656
	Pd(100)	2.126	1.406	1.934	88	−3.599	−5.197
	Pt(100)	2.941	1.983	1.832	105	−3.279	−4.972

3.1.2.4　C—H 键在以金属为基底的薄层氧化物上的断裂过程

Pd-Pt 催化剂在催化甲烷燃烧时的特性非常依赖于氧分压的变化，即催化剂表面的氧化状态。在第 2 章中，$Pd_{0.25}Pt_{0.75}$ 催化剂在经历了动力学区间Ⅰ和Ⅱ之后，并没有直接进入和 Pt 催化剂一样的动力学区间Ⅲ，而是有一段反应速率上升的区间。此外，在 XRD 中并没有检测到体相的 PdO 相，表明在金属相的表面形成了薄层的氧化物。在许多文献中也有对 Pd 表面形成单层氧化物的量子化学计算和实验研究 (Klikovits et al., 2007; Todorova et al., 2003; Narui et al., 1999)，并且第 3 章中也已经探讨了 Pt 的几种氧化物。对于双金属而言，由于 Pd 在氧化学势较高的情况下容易被偏析到表面，造成双金属相很容易在表面形成富 PdO 的氧化物。相比于单金属，Pd-Pt 双金属的表面氧化状态缺乏相关的实验数据。Dianat 等和 Todorova 等 (Todorova et al., 2003; Dianat et al., 2009) 对 Pt 和 Pd 单金属氧化物的氧化相和金属相进行了重新组合，构建了几种不同表面构型的单层金属氧化物的结构，分别为 MeO(101)/Me(100)、MeO(100)/Me(100)、MeO_2(0001)/Me(111) 和 Me_3O_4(100)/Me(100)。Todorova 等 (2003) 详细研究了这几种催化剂的表面结构，并且利用 STM 的方法证明了模型的正确性。Dianat 等 (2009) 研究了 CH_3 和 H 的吸附能大小，但并没有对这些结构的甲烷催化燃烧的活性进行探讨和研究，本小节将进行详细的探讨，几种氧化物结构如图 3.11 所示。在以金属相作为基底的薄层氧化物表面与体相也为氧化物的表面具有相同结构，同时它们的横向尺寸差别小于 4%。然而，二者基底不一样，导致它们表面原子的配位数有较大差别。所以，在比较表面结构相同但是基底结构不同的催化剂表面时，主要还是考虑配位数的影响，而非尺寸效应。

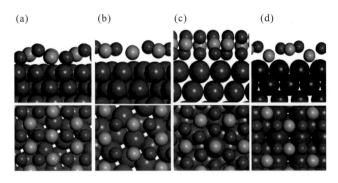

图 3.11　不同催化剂结构的正视图和俯视图，(a) PdO(101) 单层氧化层覆盖在 Pt(100)，(b) PdO(100) 单层氧化层覆盖在 Pt(100)，(c) PdO$_2$(0001) 单层氧化层覆盖在 Pt(111)，(d) Pd$_3$O$_4$(100) 单层氧化层覆盖在 Pt(100) 上

　　因为 Pt 金属相具有更好的稳定性而 Pd 原子与 O 原子具有较强的成键能力，所以首先探讨 Pd 单层氧化物覆盖在 Pt 金属相上的情况，然后再进行金属掺杂对活性影响的讨论。甲烷在这些表面解离所得到的活化能范围为 110～299kJ·mol^{-1}，甲烷第一步解离过程如图 3.12 所示。PdO(101)/Pt(100) 上每 4 个金属原子需要基底 Pt(100) 表面 5 个 Pt 原子进行配位，因此其结构为 2×2 的 PdO(101) 覆盖在 $\sqrt{5} \times \sqrt{5}$ 的 Pt(100) 表面。尽管 PdO(101)/Pt(100) 的表面和 PdO(101) 的表面在结构和成分上几乎没有任何区别，但它们的活性却有较大差别，计算得到的活化能分别为 110kJ·mol^{-1} 和 61kJ·mol^{-1}，较大的差异

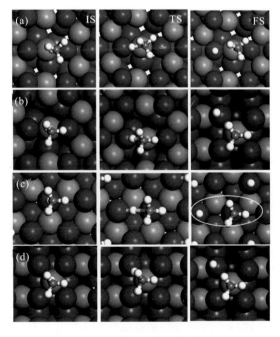

图 3.12　CH$_4$ 的第一个 C—H 键在 (a) PdO(101) 单层氧化层覆盖在 Pt(100)，(b) PdO(100) 单层氧化层覆盖在 Pt(100)，(c) PdO$_2$(0001) 单层氧化层覆盖在 Pt(111)，(d) Pd$_3$O$_4$(100) 单层氧化层覆盖在 Pt(100) 上解离过程的结构图，包含初态(IS)反应物、过渡态(TS)反应物和终态(FS)产物

源于配位效应导致成键能力不同。PdO(101)表面的 Pd 原子仅仅和三个氧原子进行配位，然而 PdO(101)/Pt(100)表面相对应的 Pd 原子配位数要高得多(4 个 Pt 和 2 个 O)，造成 PdO(101)/Pt(100)的活性比 PdO(101)低。PdO(100)/Pt(100)和 PdO(101)/Pt(100) 的结构类似，不同之处在于 PdO(100)/Pt(100)中的氧原子并没有和金属基底进行接触，这使得二者的解离活化能也有较大的差别($145kJ·mol^{-1}$ vs $110kJ·mol^{-1}$，图 3.13)。

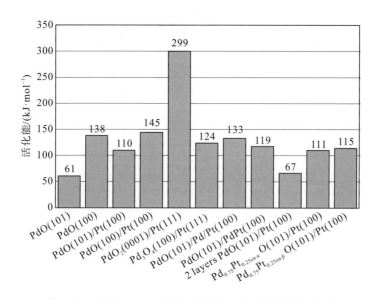

图 3.13　甲烷的 C—H 键在不同氧化物表面的解离活化能

PdO$_2$/Pt(111)表面的金属 Pd 原子由上下两层，每层各 3 个，共 6 个氧原子进行配位，这使得 CH$_4$ 的活化只能在氧原子上进行，计算得到的活化能高达 $299kJ·mol^{-1}$，PdO$_2$/Pt(111) 表面比邻的两个 O 原子距离 3.17Å 比氧原子完全覆盖的 Pd(111)2.78Å 要大，这是导致其活化能要大得多的重要原因。Pd$_3$O$_4$/Pt(101)表面氧原子的配位数仅为 2，但 Pd 的配位数为 4，二者作用力抵消使得 CH$_4$ 在 Pd$_3$O$_4$/Pt(101)上解离活化能($124kJ·mol^{-1}$)不至于过大。可以看出，四种以金属相作为基底类型金属氧化物表面催化剂的活性以 PdO(101)/Pt(100)最低。此外，将 PdO/Pt(101)表面的部分 Pd 原子替换成 Pt 原子，发现活化能改变并不大(随着 Pt 原子比例的增加，活化能从 $110kJ·mol^{-1}$ 增大到 $115kJ·mol^{-1}$)。PdO(101)/Pt(100)和 PdO(101) 的活化能分别为 $110kJ·mol^{-1}$ 和 $61kJ·mol^{-1}$，然而当 PdO(101)为双层覆盖在 Pt(100)上时，甲烷解离活化能为 $67kJ·mol^{-1}$，这表明多层氧化物表面的活性相比于单层氧化物表面活化能($61kJ·mol^{-1}$)得到了极大的恢复。

3.1.2.5　C—H 键在 PdO(101)和 PdO(100)上的活化过程分析和比较

在上一小节探讨了金属相为基底而金属氧化层作为催化剂活性区域的情况，计算结果表明单层的 PdO(101)/Pt(100)催化剂表面相比于其他单层氧化物催化剂具有更高的甲烷活化活性，并且双层的 PdO(101)/Pt(100)表面极大地降低了甲烷解离的活化能，这源于表层原子配位数的变化。本小节将探讨富 Pd 催化剂在高氧分压气氛下甲烷解离的活化能。

大多数工况下燃烧的 O_2/N_2 摩尔比都接近 0.25，氧分压较高，甲烷催化燃烧应在氧化物表面进行。此外，在第 2 章进行动力学探讨时发现富 Pd 的双金属催化剂随着氧气分压的增加，其反应速率增加，但是对活化能的影响不大，这主要是由于氧分压的增加导致活性位也随之增加。此外，单金属 Pd 催化剂在此动力学区间的活化能与富 Pd 的 Pd-Pt 双金属催化剂接近，所以本节仅仅讨论甲烷在单金属 Pd 氧化物上的活化解离过程。

　　PdO(101) 和 PdO(100) 都存在配对的 Pd-O 活性位（图 3.14）。PdO(100) 的表面每个 Pd 原子被 4 个氧原子所包围，CH_3 和 H 原子的解离位置可能分别为：A 和 B、B 和 A、B 和 C，如图 3.14(c) 所示。PdO(101) 结构更为复杂，存在两种不同的表面 Pd 原子，分别用 D 和 F 来表示，F 位的 Pd 原子由 4 个氧原子配位，而 D 位的 Pd 原子由 3 个氧原子配位，如图 3.14(d) 所示。毫无疑问，更低配位的 Pd 原子活性更强，所以仅仅考虑低配位的 D 位和 E 位的情况即可。

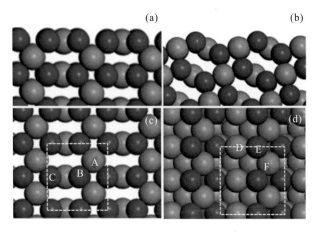

图 3.14　不同优化后催化剂结构的正视图和俯视图，(a) 和 (c) PdO(100)，(b) 和 (d) PdO(101)

注：A、D 和 F 为 Pd 金属活性位；B、C 和 E 是 O 活性位。

　　图 3.15 显示了 CH_3 在 PdO(101) 和 PdO(100) 上不同吸附结构的态密度（density of state，DOS）分布。对于 PdO(100)，低于 -17eV 的结合能区域主要归因于 O 原子 s 轨道的贡献，价带（高于 -8eV）则主要是来源于 O 原子的 p 轨道和 Pd 原子 d 轨道的贡献。此外，无论 CH_3 吸附在 Pd 上还是 O 上，在 -12eV 的区域有一个新的峰出现，这显然是由 CH_3 基团导致的。对于 CH_3—O（表示 CH_3 吸附在 O 原子上）的情况而言，一个附加的峰值出现在 -21eV，这主要是 O 原子的 s 轨道和 CH_3 的杂化轨道共同形成的成键轨道。此外，相比于 CH_3-Pd（表示 CH_3 吸附在 Pd 原子上）和 PdO(100)，CH_3—O 在 -17eV 时的峰有部分削弱。对两种吸附位置价带区域进行比较，发现 -7.5eV 时 CH_3—O 存在一个明显的峰（价带区域的肩部），这个附加的峰面积表明 CH_3 更倾向于吸附在 O 原子上。对于 PdO(101)，当 CH_3 吸附在 O 上时，与 PdO(100) 类似。可以看出 CH_3 吸附在 O 原子上时，在相近的位置 PdO(101) 的结合能要稍低，这也表明 CH_3 在 PdO(101) 氧活性位上的吸附能 3.07eV 要比 PdO(100)（2.91eV）强。当 CH_3 吸附在 PdO(101) 的 Pd 上时，可以看出在 -12eV 附近

出现了一个峰值，这个峰值的结合能要比 CH_3 吸附在 PdO(100) 的 Pd 位上时高，表明 CH_3 在 PdO(101) 上的吸附能 (2.70eV) 比 PdO(100) 上的吸附能 (2.31eV) 高。

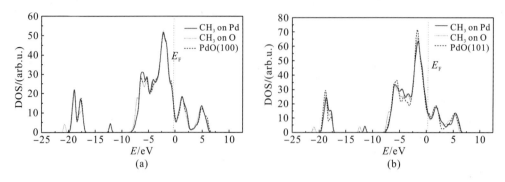

图 3.15   (a) 和 (b) 分别表示 PdO(100) 和 PdO(101) 结构以及
CH_3 吸附在其表面的 Pd 和 O 位上的态密度图

图 3.16 和图 3.17 为 Pd 或 O 在 CH_3 吸附前后以及 CH_3 在吸附态时的局部态密度 (partial density of state, PDOS)。图 3.16(a) 为 CH_3 吸附前后 Pd 的 PDOS，CH_3 以及与 CH_3 键合的 Pd 原子在 -12eV 出现了一个峰值，但是在洁净的 PdO(100) 表面却没有发现这个峰值，此处为 Pd 和 CH_3 的成键轨道。在大于 -7eV 的价带区域主要是 O 原子的 p 轨道和 Pd 原子的 s 轨道，从态密度可以看出 Pd 在吸附 CH_3 后，态密度区域向低能级移动，为成键轨道。图 3.16(b) 为 CH_3 吸附前后 O 的局部态密度，可以看出在 PdO(100) 面上的氧原子的 PDOS 在 -17eV 的位置出现了一个峰值，然而这个峰在 CH_3 吸附后不再存在。相比于洁净的 PdO(100) 表面，额外的峰值出现在了 -21eV 和 -12eV，这主要是由 O 原子的 s 轨道和 CH_3 的 sp3 杂化轨道形成的一个成键轨道和反键轨道 (分别位于 -21eV 和 -12eV)。

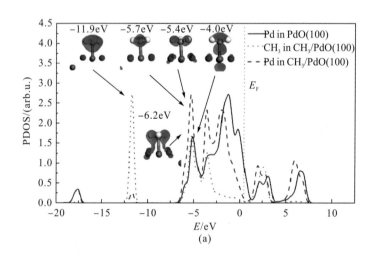

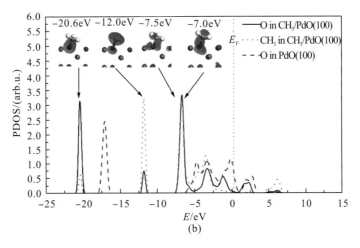

图 3.16　(a) 和 (b) 分别为 CH₃ 及其结合成键的 PdO(100) 上 Pd 和 O 原子的 PDOS 图

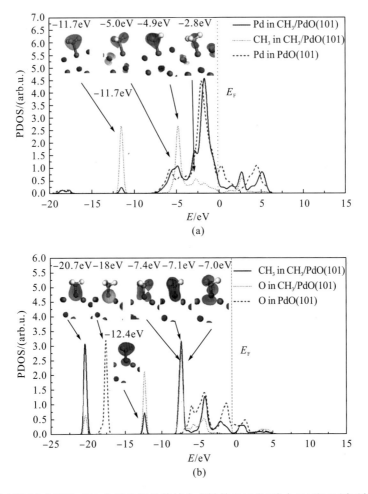

图 3.17　(a) 和 (b) 分别为 CH₃ 分子片段及其结合成键的 PdO(101) 上 Pd 和 O 原子的 PDOS 图

　　一些结合能相关位置的 Gamma 点 Kohn-Sham 轨道如图 3.18 所示。由于 CH_3 吸附在 Pd 和 O 两个位置上，所以首先对 CH_3、CH_3O 和 CH_3Pd 的分子轨道进行分析。可以看出，CH_3 有 4 种分子轨道。当 CH_3 和一个 O 原子结合时，主要存在 7 种分子轨道，在-19eV 和-10.2eV 分别为成键轨道和反键轨道，这是 O 原子的 s 轨道和 CH_3 的 sp3 杂化轨道形成的 2 个新的分子轨道，-4.0eV 时的轨道为成键轨道。在价带区域，O 原子的 p 轨道和 CH_3 在高结合能区域轨道形成了一系列新的分子轨道，从图 3.16(b) 和 3.17(b) 也可以看出相似的分子轨道构型。

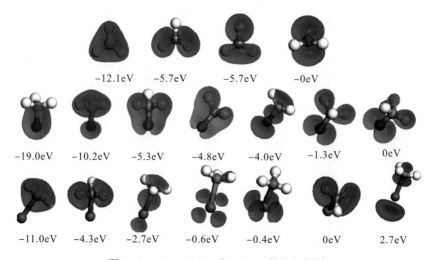

　　　　　　　　　　　-12.1eV　　　　-5.7eV　　　　-5.7eV　　　　-0eV

　　-19.0eV　　-10.2eV　　-5.3eV　　-4.8eV　　-4.0eV　　-1.3eV　　0eV

　　-11.0eV　　-4.3eV　　-2.7eV　　-0.6eV　　-0.4eV　　0eV　　2.7eV

图 3.18　CH_3、CH_3O 和 CH_3Pd 的分子轨道

　　值得注意的是，相比于自由基游离状态时的分子轨道结合能，吸附状态时的结合能有所降低(约为 1~2eV)，这主要是由于金属表面的 O(或 Pd)与 CH_3 相比于单个 O(或 Pd)在原子结构上更加稳定。本节选取了 CH_3Pd 分子的 7 种主要的分子轨道，-0.6eV 和-0.4eV 时的分子轨道为 Pd 原子的 d 轨道，它与 CH_3 并不成键，并且在 PdO(101) 和 PdO(100) 表面的 Pd 原子中并没有发现这两种 d 轨道，这可能是 Pd 原子的 d 轨道在晶体表面和其他原子结合导致 d 轨道自身离域。此外，-2.7eV 和-11eV 时的轨道为成键轨道，-4.3eV 和 2.7eV 时的轨道为反键轨道。

　　计算结果表明无论是 PdO(100) 还是 PdO(101)，CH_3 更倾向于吸附在 O 位上。但这并不能保证活化能更小的吸附方式为 CH_3 吸附在 O 位上，而需要对多种不同的吸附方式情况下的甲烷解离活化能进行计算。

　　首先探讨 PdO(100) 表面的甲烷活化解离过程：①当 CH_3 和 H 吸附的位置分别为 A 和 B 位时，甲烷解离活化能为 138kJ·mol^{-1}。此刻，CH_3 吸附在 Pd 上，O 吸附在 O 原子上，由于 Pd 原子配位数很高，所以甲烷解离活化能较高；②当 CH_3 和 H 吸附的位置分别为 B 和 A 位时，甲烷解离的活化能高达 182kJ·mol^{-1}，虽然 CH_3 在 O 原子的吸附能高达 2.91eV，比在 Pd 上的吸附能 2.31eV 更高，但是活化能却低很多，吸附氧原子体系也存在同样的问题；③当 CH_3 和 H 吸附位置分别为 B 和 C 时，计算得到的活化能为 145kJ·mol^{-1}，比情况

①时的活化能 138kJ·mol^{-1} 稍大。甲烷在 PdO(100)上活化能最低的活化解离过程如图 3.19 所示。PdO(101)存在两种不同的表面 Pd 活性位，D 位比 F 位配位数更低，因此仅考虑这个位置上的甲烷解离过程。当 CH$_3$ 和 H 分别解离吸附在 E 和 D 位时，活化能为 153kJ·mol^{-1}，而当 CH$_3$ 和 H 的解离吸附位置互换时，活化能仅为 61kJ·mol^{-1}，这个数值和实验数值接近（65kJ·mol^{-1}）。

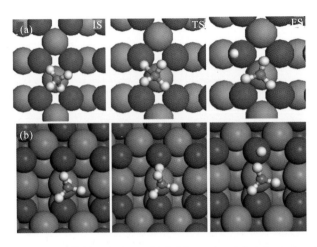

图 3.19　CH$_4$ 的第一个 C—H 键在(a)PdO(100)和(b)PdO(101)
上解离过程的结构图，包含初态(IS)反应物、过渡态(TS)反应物和终态(FS)产物

　　虽然甲烷在 PdO(101)上的解离活化能比 PdO(100)上要低，但这并不代表 PdO(101)上的甲烷解离速率就高，因为除了活化能之外，熵的影响也很大。甲烷从气相到活性表面的过程是一个自由度减少以及熵减的过程。一般来讲，活化能越高熵减也越大，即指前因子也越大。热力学参数需要计算振动频率，所以使用 Dmol^3 模块来完成频率的计算，而 IS 以及 TS 结构依然利用 Castep 模块来优化和计算。此外，甲烷的熵也可以通过 Sackur-Tetrode 公式来计算，为

$$S_{CH_4} = k_B \ln \left(\frac{\exp\left(\frac{5}{2}\right)k_B T}{P^o \left(h \sqrt{\dfrac{1}{2k_B T \pi m}} \right)^3} \right) \tag{3.1}$$

这里 P^o 为大气压力。计算得到 CH$_4$ 在 PdO(100)和 PdO(101)从游离态到吸附解离过渡态的熵减数值分别为-101J·mol^{-1}·K^{-1} 和-134J·mol^{-1}·K^{-1}。利用阿伦尼乌斯方程可以计算甲烷在这两种 PdO 表面的活化速率，如图 3.20 所示。可以看出，实验测得的表观活化能以及指前因子绘出的反应速率曲线与 PdO(101)计算得到的结果基本符合，这表明 PdO(101)才是甲烷氧化活性最高的表面。

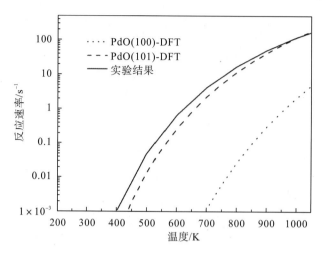

图 3.20　PdO(101)和 PdO(100)表面的甲烷氧化速率(甲烷的解离为速控步)

3.2　甲烷在 Pt、Pd 及其合金催化剂表面催化燃烧的反应机理

　　甲烷的吸附解离步骤存在很大的熵减,所以在所有的动力学区间都被假设是反应速控步。在本节中,为了阐明不同 O_2 和 CH_4 浓度下甲烷催化燃烧的动力学行为,需要结合实验结果构建化学动力学模型,提出简单的化学反应机理,并推导出甲烷催化燃烧反应表达式。本节利用 Eley-Rideal,Langmuir-Hinshelwood 和 Mars-van Krevelen 的方法进行燃烧反应动力学公式的推导,并和实验结果进行对比分析。

　　在燃烧过程中,Pd 单金属和 Pd-Pt 合金催化剂颗粒的直径或者分散度不会发生明显的改变,所以 Pd 催化剂活性的不稳定不是由活性颗粒在反应过程中的聚合导致的。尽管 $Pd_{0.25}Pt_{0.75}$ 的 XRD 图谱并没有检测 PdO 相,但是其活性比单金属 Pt 催化剂要大。基于以上实验结果,双金属催化剂较高的活性应归因于颗粒表面的氧化层。本章从实验得到的结果出发,在*-*,O*-*,O*-O*,Me-O 几种不同的催化剂表面结构上推导甲烷催化燃烧反应的速率方程。

3.2.1　不同氧分压下甲烷催化燃烧反应断键与动力学相关性

　　在第 2 章中,对 5 种催化剂的反应动力学区间进行了划分,一共分为 5 个动力学区间。动力学区间 Ⅰ 的氧覆盖率很低,催化剂表面存在较多的活性空位,氧能很快吸附解离并和 CH_4 解离后的自由基进行反应;动力学区间 Ⅱ 的氧覆盖度增加,但仍然存在很多活性空位,甲烷在 O*-O*,O*-*和*-*上进行解离活化;当氧浓度进一步增加,反应将进入动力学区间Ⅲ,甲烷完全在 O*-O* 上进行解离,即使形成金属空位,也会立刻被氧原子所占据;再进一步增加氧分压,金属颗粒逐渐被氧化,这个区间为动力学区间Ⅳ;氧气分压再继续增加会进入到动力学区间Ⅴ,在此动力学区间催化剂形成了稳定的氧化相,这个区间的活性位数量是固定的,不再随着氧气浓度的增加而增加,即使增加氧的含量也只会增加氧化物体相,对甲烷的反应速率并没有影响,甲烷的催化燃烧主要在 MeO(101)的表面上进行。5 种催化剂并不一定都会经历这 5 个动力学区间，而且当氧气和甲烷含量一定时，双金属催化剂上的甲烷活化可能还会横跨两个或者更多的动力学区间，这归因于合金颗粒在不同氧化学势下的偏析作用。接下来将根据反应活性位的假设对每一个动力学区间的甲烷催化燃烧反应速率表达式进行推导，并与实验结果进行对比和分析。

3.2.1.1　金属表面上 O=O 键断裂的动力学相关性

在这个动力学区间，甲烷和氧气的解离都发生在金属活性位上(如图 3.21 所示)，这是因为大部分的活性位都是金属活性位。上一节的甲烷第一步解离的 DFT 研究表明在洁净的金属表面上，甲烷的解离主要发生在*-*上而非 O*-*上。此外，探讨氧气的解离过程也非常重要，这是因为气体中的氧较少，甲烷解离后产生的一系列基团都需要用吸附氧去消耗。

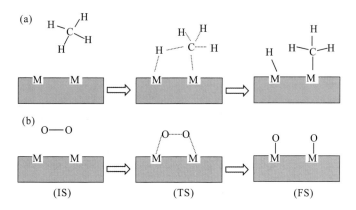

图 3.21　(a)CH_4 和 (b)O_2 在*-*上解离过程，IS，TS 和 FS 分别为
初态(IS)反应物、过渡态(TS)反应物和终态(FS)产物

氧气吸附在金属表面，这个过程并不能保证氧气能够解离并形成 O*吸附在金属表面，而是需要经历一个前驱态过程，一部分吸附的 O_2(O_2*，step1.1，见表 3.4)会解离吸附形成两个 O*，还有一部分会解吸重新回到气相中(Chin et al., 2011; 布达和吉加-姆阿达苏，1988)。当甲烷燃烧反应过程稳定时，这个过程是准平衡的。氧气解离吸附形成两个 O*，并且两个 O*重新结合形成 O_2*是比较困难的，所以 step1.2 为不可逆过程。在尾气当中并没有检测到 H_2 的存在，这是因为即使产生了很少量的 H_2(step1.8 和 1.9)，H_2 也会被催化剂很快再次吸附解离并和 O*反应形成 H_2O，由于同样的原因 CO 也未被检测到。而且 Chin 等(2011)分析了 CO 和 CH_4 对 O_2 的选择性，结果表明当 O_2/CO 比值为 1 时，O_2 与 CO 的反应速率是 CH_4 与 O_2 反应速率的 500 倍，这表明相比于 CH_4，H_2 和 CO 的催化燃烧反应速率要大得多。由于 O*覆盖度很低，所以 CO_2 再吸附到 O*生成 CO_3*的过程可以被忽略。H_2O 的生成可通过两种方式：OH*和 H*(step1.11)或者 OH*和 OH*(step1.12)。因为表面上的 O*较少，形成 OH*后碰撞到 H*的概率要比遇到 OH*的概率大得多，并且 Trinchero 等(2013)的研究结果也表明二者的反应活化能相差无几，所以在这个动力学区间仅仅考虑 OH*与 H*的反应。基于上面的分析，提出如表 3.4 列出的甲烷氧化基元反应

过程，并通过简单的催化反应动力学方法推导出甲烷反应速率的表达式。

表 3.4　CH_4 在动力学区间 Ⅰ 氧化的基元反应过程

反应类别	步骤编号	基元反应	反应速率及平衡常数
O_2 解离反应	1.1	$O_2+* \rightleftharpoons O_2*$	$k_{1,1f}, k_{1,1r}$
	1.2	$O_2*+* \longrightarrow 2O*$	$k_{1,2f}$
CH_4 解离反应	1.3	$CH_4+*+* \longrightarrow CH_3*+H*$	$k_{1,3f}$
CO 生成反应	1.4	$C*+O* \rightleftharpoons CO*+*$	$K_{1,4}$
	1.5	$CO* \rightleftharpoons CO+*$	$K_{1,5}$
CO_2 生成反应	1.6	$CO*+O* \rightleftharpoons CO_2*+*$	$K_{1,6}$
	1.7	$CO_2* \rightleftharpoons CO_2+*$	$K_{1,7}$
H_2 生成反应	1.8	$H*+H* \rightleftharpoons H_2*+*$	$K_{1,8}$
	1.9	$H_2* \rightleftharpoons H_2+*$	$K_{1,9}$
OH* 生成反应	1.10	$H*+O* \rightleftharpoons OH*+H$	$K_{1,10}$
H_2O 生成反应	1.11	$OH*+H* \rightleftharpoons H_2O*+*$	$K_{1,11}$
	1.12	$OH*+OH* \rightleftharpoons H_2O*+O*$	$K_{1,12}$
	1.13	$H_2O* \rightleftharpoons H_2O+*$	$K_{1,13}$

注：$\rightleftharpoons$ 为可逆反应，$\longrightarrow$ 为不可逆反应，*表示活性空位，$k_{i,jf}$ 和 $k_{i,jr}$ 中 i 表示动力学区间数，j 表示动力学区间 i 的第 j 步基元反应，f 表示正反应过程，r 表示逆反应过程，$K_{i,j}$ 表示平衡常数。

step1.3 和 step1.2 为甲烷解离反应和氧气消耗反应，整体反应过程中每单位体积甲烷需要对应两单位体积的氧气，于是可以得到甲烷催化燃烧反应速率：

$$2r_1 = k_{1,2f}\theta_{O_2}\theta_* = 2k_{1,3}P_{CH_4}\theta_*^2 \tag{3.2}$$

式 (3.2) 中的 θ 为覆盖度，在这里，P_{CH_4} 和 P_{O_2} 分别表示甲烷和氧气的压力，单位为 kPa。准平衡反应 step1.1 可以表示为

$$K_{1,1}P_{O_2}\theta_* = \theta_{O_2} \tag{3.3}$$

将式 (3.3) 代入式 (3.2) 中，得

$$r_1 = \frac{1}{2}k_{1,2f}K_{1,1}P_{O_2}\theta_*^2 = k_{1,3}P_{CH_4}\theta_*^2 \tag{3.4}$$

O_2 的含量很低，使得 O_2 的含量变成决定甲烷催化燃烧反应速率的关键因素。在催化剂的表面存在大量的活性空位，O_2 很容易直接解离成 O*-O*，而且这个基元反应步骤的逆反应过程的发生因为氧气解离放出较大的热量而变得非常困难。因此，在 step1.2 中，O*-O* 的结合过程可忽略不计。显然，通过实验得到的结果表明，在这个动力学区间的活化能小于 20kJ·mol^{-1}，这个值远小于计算得到的甲烷解离所需要的活化能，78kJ·mol^{-1} 和 83kJ·mol^{-1} 分别对应 Pt(111) 和 Pd(111)。此外，在 Pt 基催化剂上，Wei 和 Iglesia(2004) 获得的 CH_4-H_2O 和 CH_4-CO_2 的重整反应甲烷解离活化能分别为 75kJ·mol^{-1} 和 83kJ·mol^{-1}。因此，甲烷的燃烧速率由氧气的供应情况决定，并不依赖于甲烷的分压。最后，假设金属活性位的覆盖度为 θ_*=1，即无论氧撞击到任何催化剂表面的任何位置都能同等概率地被解离。这是因为只要有 O* 存在于表面，将迅速被 C*，CO*，OH* 和 H* 等自由基团所消耗。

O_2 对 CO 的选择性是 CH_4 的几个数量级，这表明 O_2 很容易和 C*或者 CO*反应(step1.4 和 step1.6)。相比于 CH_4 来讲，C*或者 CO*可被当成是 O_2 解离的活性位，因此 $\theta_* = 1$ 的假设是成立的。

那么式(3.4)可简化成

$$r_1 = \frac{1}{2} k_{1,2f} K_{1,1} P_{O_2} \tag{3.5}$$

这就是推导得到的动力学区间 I 的反应速率表达式，氧气的反应级数为 1 与实验结果基本吻合。CH_3^*，CH_2^*，CH^*，C^*，H^*等吸附自由基的覆盖度被忽略，其原因有两点：①H_2 和 CO 未被检测到，即使在 O_2 含量为 0.05kPa 时，H^*可忽略；②C^*，H^*很快会和 O^*结合并与之反应，CH_x^*($x=1$，2，3)会因为较多的金属空位而被脱去全部 H 原子导致其自身覆盖度也非常小。

3.2.1.2 金属表面部分氧覆盖下甲烷 C—H 键断裂的动力学相关性

随着氧气分压继续增加，吸附氧处于一种过量的状态，表面的 O^*会吸附在表面上等待甲烷脱附出来的自由基与之反应，甲烷和氧气的解离过程如图 3.22 所示。此时甲烷的解离应当有 3 种情况，如表 3.5 中的 step2.3、step2.4 和 step2.5。

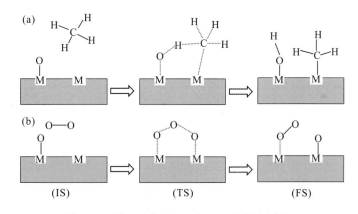

图 3.22　(a)CH_4 和(b)O_2 在 O^*-*上解离过程，
IS，TS 和 FS 分别为初态(IS)反应物、过渡态(IS)反应物和终态(FS)产物

(1)甲烷在金属活性位上解离。金属活性位又分为：(a)两个相邻金属原子构成的活性位，(b)金属原子及其附近的穴位构成的活性位。对于后一种情况，在 3.1 节中的 DFT 模拟过程中已经验证。这种情况下的甲烷解离应为 $CH_4 + * \rightarrow (CH_3 + H)^*$，$CH_3$ 和 H 吸附自由共同使用一个活性位。虽然在其他文献当中未见相关报道，但是在本书中做此假设。

(2)甲烷在一个氧原子和一个金属活性位上进行解离。解离反应将在空位*和其邻近的 O^*形成配对的 O^*-*上进行并生成 CH_3^*和 OH^*。DFT 研究表明 H 原子吸附在 O^*上的吸附能超过 4 eV，所以 H 比 CH_3 分子片段更容易和 O 进行结合。因此，这里并不考虑生成 CH_3O^*和 H^*的情况。

(3)虽然在动力学区间 II 依然有很多活性空位，但是 O^*以及比邻的 O^*可能会形成配对的 O^*-O^*。CH_3 和 H 分别和单个 O^*结合形成 CH_3O^*和 OH^*。在下文关于甲烷在动力学区间II的催化燃烧反应中，将对以上情况进行分析和探讨。

表 3.5　CH_4 在动力学区间 II 催化燃烧的基元反应过程

反应类别	步骤编号	基元反应	反应速率及平衡常数
O_2 解离反应	2.1	$O_2+* \rightleftharpoons O_2*$	$k_{2,1f}, k_{2,1r}$
	2.2	$O_2*+* \rightleftharpoons 2O*$	$k_{2,2f}, k_{2,2r}$
CH_4 解离反应	2.3	$CH_4+*+* \longrightarrow CH_3*+H*$	$k_{2,3f}$
	2.4	$CH_4+*+O* \longrightarrow CH_3*+OH*$	$k_{2,4f}$
	2.5	$CH_4+2O* \longrightarrow CH_3O*+OH*$	$k_{2,5f}$
CO 生成反应	2.6	$C*+O* \rightleftharpoons CO*+*$	$K_{2,6}$
	2.7	$CO* \rightleftharpoons CO+*$	$K_{2,7}$
	2.8	$CHO*+O* \rightleftharpoons CO*+OH*$	$K_{2,8}$
	2.9	$CO* \rightleftharpoons CO+*$	$K_{2,9}$
CO_2 生成反应	2.10	$CO*+O* \rightleftharpoons CO_2*+*$	$K_{2,10}$
	2.11	$CO_2* \rightleftharpoons CO_2+*$	$K_{2,11}$
	2.12	$CO_2*+O* \rightleftharpoons CO_3*+*$	$K_{2,12}$
	2.13	$CO_3* \rightleftharpoons CO_2+O*$	$K_{2,13}$
H_2 生成反应	2.14	$H*+H* \rightleftharpoons H_2*+*$	$K_{2,14}$
	2.15	$H_2* \rightleftharpoons H_2+*$	$K_{2,15}$
OH* 生成反应	2.16	$H*+O* \rightleftharpoons OH*+H$	$K_{2,16}$
H_2O 生成反应	2.17	$H*+OH* \rightleftharpoons H_2O*+*$	$K_{2,17}$
	2.18	$OH*+OH* \rightleftharpoons H_2O+*O*$	$K_{2,18}$
	2.19	$H_2O* \rightleftharpoons H_2O+*$	$K_{2,19}$

$O_2*+* \rightarrow 2O*$ 的逆反应过程应该被考虑进来：一方面是由于 O* 覆盖的增加使得金属的配位数增加，那么当 O* 的覆盖度较高时，O* 的吸附能较低，O* 和 O* 之间的作用增强，这使得 O*-O* 很容易结合成 O_2*；另外一方面，O* 的覆盖度增加使得 O* 之间的碰撞概率增加，$2O* \rightarrow O_2*+*$ 反应速率也随之增加。根据甲烷与氧气完全反应所需的化学计量数配比得出甲烷催化燃烧反应的速率

$$r_2 = \frac{1}{2}k_{2,2f}\theta_{O_2}\theta_* - \frac{1}{2}k_{2,2r}\theta_O^2 = P_{CH_4}\left(k_{2,3f}\theta_*\theta_* + k_{2,4f}\theta_*\theta_O + k_{2,5f}\theta_O\theta_O\right) \quad (3.6)$$

同样，氧气在吸附解离之前也会经历一个前驱体过程，为准平衡过程，可得

$$K_{2,1}P_{O_2}\theta_* = \theta_{O_2} \quad (3.7)$$

将式 (3.7) 代入式 (3.6) 可得

$$\frac{1}{2}k_{2,2f}K_{2,1}\frac{P_{O_2}}{P_{CH_4}}\theta_*^2 - \frac{1}{2}k_{2,2r}\theta_O^2\frac{1}{P_{CH_4}} = \left(k_{2,3f}\theta_*\theta_* + k_{2,4f}\theta_*\theta_O + k_{2,5f}\theta_O\theta_O\right) \quad (3.8)$$

可以看出，O_2 的消耗速率应和 CH_4 的消耗速率成正比，式 (3.8) 为 3 种甲烷解离的平行反应。式 (3.8) 与甲烷和氧气的压力、氧气吸附脱附的平衡速率常数 $K_{2,1}$、C—H 键断裂的反应速率常数 ($k_{2,3f}$, $k_{2,4f}$ 和 $k_{2,5f}$) 和 O_2* 解离的正逆反应速率常数 ($k_{2,2f}$ 和 $k_{2,2r}$) 有关。即使是确定了以上参数，式 (3.8) 中仍然有两个变量，即 θ_* 和 θ_O。这里可以将等式两边同时除以 $\theta_*\theta_O$，式 (3.8) 可变成

$$\left(k_{2,5\mathrm{f}}+\frac{1}{2}k_{2,2\mathrm{r}}\frac{1}{P_{\mathrm{CH_4}}}\right)\left(\frac{\theta_{\mathrm{O}}}{\theta_*}\right)^2+k_{2,4\mathrm{f}}\frac{\theta_{\mathrm{O}}}{\theta_*}-\left(\frac{1}{2}k_{2,2\mathrm{f}}K_{2,1}\frac{P_{\mathrm{O_2}}}{P_{\mathrm{CH_4}}}+k_{2,3\mathrm{f}}\right)=0 \tag{3.9}$$

当 O*与 O*的结合速率远大于 C—H 断键速率，即

$$k_{2,2\mathrm{r}}\theta_{\mathrm{O}}^2 \gg k_{2,3\mathrm{f}}\theta_*\theta_*P_{\mathrm{CH_4}},\quad k_{2,4\mathrm{f}}\theta_*\theta_{\mathrm{O}}P_{\mathrm{CH_4}},\quad k_{2,5\mathrm{f}}\theta_{\mathrm{O}}\theta_{\mathrm{O}}P_{\mathrm{CH_4}} \tag{3.10}$$

简化式(3.8)为

$$\frac{1}{2}k_{2,2\mathrm{f}}K_{2,1}\frac{P_{\mathrm{O_2}}}{P_{\mathrm{CH_4}}}\theta_*^2-\frac{1}{2}k_{2,2\mathrm{r}}\theta_{\mathrm{O}}^2\frac{1}{P_{\mathrm{CH_4}}}=0 \tag{3.11}$$

求解式(3.11)得

$$\frac{\theta_{\mathrm{O}}}{\theta_*}=\sqrt{\frac{k_{2,2\mathrm{f}}}{k_{2,2\mathrm{r}}}K_{2,1}P_{\mathrm{O_2}}}=\sqrt{K_{2,2}K_{2,1}P_{\mathrm{O_2}}} \tag{3.12}$$

因此，氧的覆盖度仅与氧气的压力相关，与甲烷的含量无关。这种情况与动力学区间 I 的情况类似，不过动力学区间 I 的氧气反应级数为 1，并不为 0.5。那么式(3.12)仅为氧气吸附解离的准平衡过程，而且仅有比动力学区间 I 更少的甲烷含量才能导致这个过程的发生。如果不满足式(3.10)的条件，那么式(3.9)存在两个解，求解得

$$\frac{\theta_{\mathrm{O}}}{\theta_*}=\frac{-k_{2,4\mathrm{f}}\pm\sqrt{\left(k_{2,4\mathrm{f}}\right)^2+\left(2k_{2,5\mathrm{f}}+k_{2,2\mathrm{r}}\frac{1}{P_{\mathrm{CH_4}}}\right)\left(k_{2,2\mathrm{f}}K_{2,1}\frac{P_{\mathrm{O_2}}}{P_{\mathrm{CH_4}}}+2k_{2,3\mathrm{f}}\right)}}{\left(2k_{2,5\mathrm{f}}+k_{2,2\mathrm{r}}\frac{1}{P_{\mathrm{CH_4}}}\right)} \tag{3.13}$$

式(3.13)中，正数解才存在实际的意义，它包含了甲烷在 O*-*，O*-O*及*-*三种活性位点上的解离平行反应过程。一般来讲，仅有一种路径为关键的步骤。如果甲烷在 O*-*上的反应速率要大于在 O*-O*和*-*上的，即

$$k_{2,4\mathrm{f}}\theta_*\theta_{\mathrm{O}}P_{\mathrm{CH_4}} \gg k_{2,3\mathrm{f}}\theta_*\theta_*P_{\mathrm{CH_4}},\quad k_{2,5\mathrm{f}}\theta_{\mathrm{O}}\theta_{\mathrm{O}}P_{\mathrm{CH_4}} \tag{3.14}$$

这个假设在本小节前部分也有探讨，甲烷更倾向于在 O*-*上进行解离。再加上氧气的解离为非可逆过程，即

$$k_{2,4\mathrm{f}}\theta_*\theta_{\mathrm{O}}P_{\mathrm{CH_4}} \gg k_{2,2\mathrm{r}}\theta_{\mathrm{O}}^2 \tag{3.15}$$

那么式(3.8)可简化成

$$\frac{1}{2}k_{2,2\mathrm{f}}K_{2,1}\frac{P_{\mathrm{O_2}}}{P_{\mathrm{CH_4}}}\theta_*^2=k_{2,4\mathrm{f}}\theta_*\theta_{\mathrm{O}} \tag{3.16}$$

求解可得

$$\frac{\theta_{\mathrm{O}}}{\theta_*}=\frac{1}{2}\frac{k_{2,2\mathrm{f}}K_{2,1}}{k_{2,4\mathrm{f}}}\frac{P_{\mathrm{O_2}}}{P_{\mathrm{CH_4}}} \tag{3.17}$$

后续的基元反应考虑到了 CO_2 再吸附生成 CO_3^* 的步骤，这是因为催化剂表面几乎被氧原子覆盖，CO_2 应该与 O*结合，而并非金属活性位，因此，这个动力学区间在考虑 CO_2 再吸附时，加入基元反应 step2.12 和 step2.13，并且这些反应假设为准平衡的可逆反应。由 step2.6～2.13 可得如下方程式：

$$K_{2,6}\theta_O\theta_C=\theta_*\theta_{CO} \tag{3.18}$$

$$K_{2,7}\theta_{CO}=P_{CO}\theta_* \tag{3.19}$$

式(3.18)和式(3.19)为 CO 的生成和脱附过程。CO 的氧化以及 CO_2 的再吸附平衡过程表示为

$$K_{2,10}\theta_{CO}\theta_O=\theta_{CO_2}\theta_* \tag{3.20}$$

$$K_{2,11}\theta_{CO_2}=P_{CO_2}\theta_* \tag{3.21}$$

$$K_{2,12}\theta_{CO_2}\theta_O=\theta_{CO_3}\theta_* \tag{3.22}$$

$$K_{2,13}\theta_{CO_3}=P_{CO_2}\theta_O \tag{3.23}$$

将式(3.17)和式(3.23)合并可得

$$\frac{\theta_{CO_3}}{\theta_*}=\frac{1}{2}\frac{k_{2,2f}K_{2,1}}{K_{2,13}k_{2,4f}}\frac{P_{CO_2}P_{O_2}}{P_{CH_4}} \tag{3.24}$$

step2.17 和 step2.18 为生成 H_2O^* 的方程式，因为被氧原子所覆盖，所以表面很难存在 H^*，即便是存在少量 H^* 也会很快和 O^* 反应生成 OH^*。由此 OH^* 与 H^* 的反应 step2.17 可以忽略不计。假定 step2.18 为可逆反应，那么可得

$$K_{2,18}\theta_{OH}{}^2=\theta_O\theta_{H_2O} \tag{3.25}$$

而由 step2.19 可得

$$K_{2,19}\theta_{H_2O}=\theta_*P_{H_2O} \tag{3.26}$$

联合式(3.17)、式(3.25)和式(3.26)可得

$$\frac{\theta_{OH}}{\theta_*}=\sqrt{\frac{k_{2,2f}K_{2,1}}{2k_{2,4f}K_{2,19}K_{2,18}}\frac{P_{H_2O}P_{O_2}}{P_{CH_4}}} \tag{3.27}$$

假定金属催化剂的活性位总数为 1。催化剂表面的基元反应为单层吸附的方式，如果某部分活性位被某些自由基或者吸附分子所占据，那么这部分吸附的粒子数与剩余活性空位的和依然为 1，可以得到

$$\theta^*=\frac{1}{1+\dfrac{\theta_O}{\theta_*}+\dfrac{\theta_{OH}}{\theta_*}+\dfrac{\theta_{H_2O}}{\theta_*}+\dfrac{\theta_{CO_2}}{\theta_*}+\dfrac{\theta_{CO_3}}{\theta_*}} \tag{3.28}$$

式(3.28)中为主要的几种自由基组分，其他如 CH_x^* 和 C^* 等自由基被忽略，因为其相比于这几种主要成分是微量的。将式(3.17)、式(3.21)、式(3.24)、式(3.26)和式(3.27)代入式(3.28)可得

$$\theta^*=\frac{1}{1+\dfrac{k_{2,2f}K_{2,1}}{2k_{2,4f}}\dfrac{P_{O_2}}{P_{CH_4}}+\sqrt{\dfrac{k_{2,2f}K_{2,1}}{2k_{2,4f}K_{2,19}K_{2,18}}\dfrac{P_{H_2O}P_{O_2}}{P_{CH_4}}}+\dfrac{P_{H_2O}}{K_{2,19}}+\dfrac{P_{CO_2}}{K_{2,11}}+\dfrac{k_{2,2f}K_{2,1}}{2K_{2,13}k_{2,4f}}\dfrac{P_{CO_2}P_{O_2}}{P_{CH_4}}} \tag{3.29}$$

由于 O^* 为最丰，接近于 1，其他吸附自由基以及活性空位相比于这个数字是可以忽略的，式(3.29)简化为式(3.17)代入式(3.6)整理得

$$r_2=\frac{2k_{2,4f}{}^2}{k_{2,2f}K_{2,1}}\frac{P_{CH_4}{}^2}{P_{O_2}} \tag{3.30}$$

以 O* 为最丰物质的假设得到式(3.30)，表明甲烷的反应速率随甲烷的增加而增加，随氧气的增加而降低，甲烷的反应级数为 2，氧气的反应级数为-1。这与实验测得的 Pd-Pt 双金属催化剂以及 Pt 催化剂在动力学区间 II 得到的结果十分吻合。

此外，也可以认为甲烷的解离仍然是在金属活性位上，甲烷的解离为 $CH_4+* \longrightarrow (CH_3+H)*$，反应速率可以表示为

$$r_2 = \frac{1}{2}k_{2,2f}K_{2,1}P_{O_2}\theta_*\theta_* = P_{CH_4}k_{2,3f}\theta_* \tag{3.31}$$

简化式(3.31)可得

$$\theta_* = \frac{2k_{2,3f}}{k_{2,2f}K_{2,1}}\frac{P_{CH_4}}{P_{O_2}} \tag{3.32}$$

可以得到甲烷催化燃烧反应速率为

$$r_2 = \frac{2k_{2,3f}{}^2}{k_{2,2f}K_{2,1}}\frac{P_{CH_4}{}^2}{P_{O_2}} \tag{3.33}$$

显然，这个公式得到了与实验结果相同的甲烷和氧气反应级数。虽然式(3.33)和式(3.30)结构相似，但是反应常数却差别很大，导致它们在动力学上存在本质的区别。随着氧气浓度的增加，O* 覆盖度增加，甲烷的活化能增加，且金属表面 O*-* 密度逐渐降低，这导致总的催化燃烧速率逐渐降低。

3.2.1.3　氧完全覆盖下甲烷 C—H 键断裂的动力学相关性

Pd 相比于 Pt 更容易和氧结合，所以氧在分压较低的情况下都能将 Pd 金属表面完全覆盖，而 Pt 需要一个较高的氧分压才能被完全覆盖，这是因为随着氧覆盖度的增加，氧与金属表面的结合能减小，氧气很难在表面上解离。随着氧分压从 0 kPa 增加到 30 kPa，不论是 Pd 和 Pt 还是 Pd-Pt 双金属表面都需要经历一个氧原子完全覆盖的过程，但二者的配比大小会导致这个区间的宽度发生变化。

动力学区间 III 氧原子完全覆盖金属表面，所以没有金属空位可以提供给甲烷活化。甲烷需要在表面的两个比邻的氧(O*-O*)上进行解离，生成 CH₃O* 和 OH*，如图 3.23 所示。虽然产物的脱附能够空出金属活性位，但是高的氧分压(或氧化势较高)导致氧气能够迅速将其再次占据。在第 2 章的实验中发现只有 Pt 催化剂在 873K 时存在此动力学区间，其他几种催化剂由于此区间和其他反应速率更高的催化动力学区间重合而表现得不够明显。对 Pt 金属上此动力学区间的甲烷催化燃烧反应的研究有助于揭示双金属催化剂在这个区间的反应动力学特性。将这个动力学区间的基元反应列入表 3.6 中。

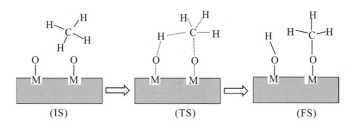

图 3.23　CH₄ 在 O*-O* 上解离过程，IS，TS 和 FS 分别对应初态反应物、过渡态反应物和终态产物

表 3.6 CH₄ 在动力学区间III氧化的基元反应过程

反应类别	步骤编号	基元反应	反应速率及平衡常数
O₂ 解离反应	3.1	$O_2+* \rightleftharpoons O_2*$	$k_{3,1f}, k_{3,1r}$
	3.2	$O_2*+* \rightleftharpoons 2O*$	$k_{3,2f}, k_{3,2r}$
CH₄ 解离反应	3.3	$CH_4+2O* \longrightarrow CH_3O*+OH*$	$k_{3,3f}$
CO 生成反应	3.4	$CHO*+O* \rightleftharpoons CO*+OH*$	$K_{3,4}$
	3.5	$CO* \rightleftharpoons CO+*$	$K_{3,5}$
CO₂ 生成反应	3.6	$CO*+O* \rightleftharpoons CO_2*+*$	$K_{3,6}$
	3.7	$CO_2* \rightleftharpoons CO_2+*$	$K_{3,7}$
	3.8	$CO_2*+O* \rightleftharpoons CO_3*+*$	$K_{3,8}$
	3.9	$CO_3* \rightleftharpoons CO_2+O*$	$K_{3,9}$
H₂O 生成反应	3.10	$OH*+OH* \rightleftharpoons H_2O*+O*$	$K_{3,10}$
	3.11	$H_2O* \rightleftharpoons H_2O+*$	$K_{3,11}$

在氧完全覆盖的表面，一旦有 CO_2 和 H_2O 生成并解吸离开表面，马上就会有新的氧原子将活性位占据。而且，在这个动力学区间内，氧的表层还能够吸附一些氧原子。这些氧原子能够与底层的氧原子结合，导致底层氧原子与金属键合能力下降，重新生成 O_2*，并再次脱附成为气相氧。因此，在这个动力学区间内的氧气解离是一个可逆的过程。在表面金属空位缺乏的动力学区间III，H*存在的可能性是微乎其微的，所以涉及自由基（H*）的基元反应被忽略。因此，在表 3.6 中并没有列出与 H*自由基相关的反应。与动力学区间II一样，动力学区间III的 CO_2 再吸附也被考虑进来（step3.7 和 step3.8）。

由化学式 step3.1 和 step3.2 可以得到

$$\theta_{O_2}=K_{3,1}P_{O_2}\theta_* \tag{3.34}$$

$$K_{3,2}\theta_{O_2}\theta_*=\theta_O^2 \tag{3.35}$$

联合式（3.34）和式（3.35）可得

$$K_{3,2}K_{3,1}P_{O_2}\theta_*^2=\theta_O^2 \tag{3.36}$$

甲烷的解离依然为不可逆反应，并且在两个吸附氧原子上进行解离（O*-O*），此时甲烷的解离速率应与总反应的反应速率一样。由化学式 step3.3 可以得到

$$r_3 = k_{3,3f}P_{CH_4}\theta_O \tag{3.37}$$

甲烷解离后，后续的解离过程都应在表面的氧原子上进行。如基元反应 step3.4 中 CHO*将解离出 H 原子给 O*生成 CO*。氧全覆盖催化剂表面的 CO*和 CO₂*是氧原子与金属原子进行配位，C 原子不与金属原子直接成键，而 H 原子也仅仅与吸附 O*结合生成 OH*。由化学式 step3.6～3.9 可以得到如下方程式：

$$K_{3,6}\theta_O\theta_{CO}=\theta_{CO_2}\theta_* \tag{3.38}$$

$$K_{3,7}\theta_{CO_2}=P_{CO_2}\theta_* \tag{3.39}$$

式（3.38）和式（3.39）为 CO 的氧化和 CO_2 的脱附过程。

$$K_{3,8}\theta_O\theta_{CO_2}=\theta_{CO_3}\theta_* \tag{3.40}$$

$$K_{3,9}\theta_{CO_3}=P_{CO_2}\theta_O \tag{3.41}$$

式（3.40）和式（3.41）为 CO_2 的吸附和 CO_2 的脱附过程，联合式（3.36）、式（3.40）和式

(3.41)可得 CO_3* 和*的关系式：

$$\frac{\theta_{CO_3}}{\theta_*} = \frac{P_{CO_2}\sqrt{K_{3,2}K_{3,1}P_{O_2}}}{K_{3,9}}$$ (3.42)

下面分析生成 H_2O 的反应，H_2O*的生成可通过两个 OH*的反应实现：H 原子从一个 OH*上脱离到另外一个 OH*上，生成 OH_2*，由化学式 step3.10 可得

$$K_{3,10}\theta_{OH}^{2} = \theta_{H_2O}\theta_O$$ (3.43)

由化学式 step3.11 可得

$$\frac{\theta_{H_2O}}{\theta_*} = \frac{P_{H_2O}}{K_{3,11}}$$ (3.44)

联合式(3.36)、式(3.43)和式(3.44)可得

$$\frac{\theta_{OH}}{\theta_*} = \sqrt{\frac{\dfrac{P_{H_2O}}{K_{3,11}}\sqrt{K_{3,2}K_{3,1}P_{O_2}}}{K_{3,10}}}$$ (3.45)

考虑*O*，CO_2*，CO_3*，OH*和 H_2O*几种组分，可得

$$\theta^* = \frac{1}{1+\dfrac{\theta_O}{\theta_*}+\dfrac{\theta_{OH}}{\theta_*}+\dfrac{\theta_{H_2O}}{\theta_*}+\dfrac{\theta_{CO_2}}{\theta_*}+\dfrac{\theta_{CO_3}}{\theta_*}}$$ (3.46)

将式(3.36)、式(3.39)、式(3.42)、式(3.44)和式(3.45)代入式(3.46)可得

$$\theta^* = \frac{1}{1+\sqrt{K_{3,2}K_{3,1}P_{O_2}}+\sqrt{\dfrac{\dfrac{P_{H_2O}}{K_{3,11}}\sqrt{K_{3,2}K_{3,1}P_{O_2}}}{K_{3,10}}}+\dfrac{P_{H_2O}}{K_{3,11}}+\left(\dfrac{1}{K_{3,7}}+\dfrac{\sqrt{K_{3,2}K_{3,1}P_{O_2}}}{K_{3,9}}\right)P_{CO_2}}$$ (3.47)

那么反应速率为

$$r_3 = k_{3,3f}P_{CH_4}\sqrt{K_{3,2}K_{3,1}P_{O_2}}$$
$$\times \frac{1}{1+\sqrt{K_{3,2}K_{3,1}P_{O_2}}+\sqrt{\dfrac{\dfrac{P_{H_2O}}{K_{3,11}}\sqrt{K_{3,2}K_{3,1}P_{O_2}}}{K_{3,10}}}+\dfrac{P_{H_2O}}{K_{3,11}}+\left(\dfrac{1}{K_{3,7}}+\dfrac{\sqrt{K_{3,2}K_{3,1}P_{O_2}}}{K_{3,9}}\right)P_{CO_2}}$$ (3.48)

由于在动力学区间Ⅲ的 O*为最丰覆盖物种，则式(3.48)可简化为

$$r_3 = k_{3,3f}P_{CH_4}$$ (3.49)

以 O*为最丰覆盖物种得到式(3.49)，甲烷的反应级数为 1，这和本实验所得到的实验结果(第 2 章：Pt，873K)一致。

3.2.1.4　高氧分压情况下金属氧化物表面的 C—H 键断裂的动力学

前面采用 DFT 探讨了金属氧化物的稳定性，结果表明在高氧分压情况下能够在很高的温度下维持 PdO 的热力学稳定。然而随着氧分压的降低，金属体相只有在很低的温度下才能够维持稳定。因此，可以断定 PdO 的稳定性和氧分压有很大的关系。动力学区间

Ⅳ是动力学区间Ⅲ到动力学区间 Ⅴ 的过渡区间。动力学区间Ⅲ的表面氧在更高的氧化学势的情况下能够部分进入体相,这使得密集堆积的金属相出现了一定的畸变。畸变造成金属原子的配位数降低并能够更好地与氧原子结合,然后在表层形成一层 $MeO_\delta(hkl)$ 类型的氧化层。这一层氧化层具有了体相 PdO 的某些性质,但是其和体相氧化相的催化性质却有较大的区别。当氧化学势继续增加,次层的金属原子也会被氧化,金属表面双层的氧化层具有与 MeO 体相氧化物非常接近的催化活性。最后,当氧气分压继续增加也不能使得表面氧原子再次进入体相,甲烷的催化燃烧反应就进入了动力学区间Ⅴ,氧化物稳定地存在,活性位数量不再继续增加。

Pt 表面能够形成完全覆盖的氧,却难以形成体相氧化物。如果是双金属氧化物,富 Pd 的相会形成体相氧化物,而富 Pt 的相会形成表面氧化物。就算是添加很少量的 Pd(如 $Pd_{0.05}Pt_{0.95}$),Pt 表面也会形成表面氧化层而不仅仅是吸附氧层。因此,双金属 Pd-Pt 催化剂都会经历一个从表面氧的覆盖到表面氧化层形成的过程,甚至进一步氧化形成体相氧化物。由于动力学区间Ⅳ和Ⅴ都有一个共同点:甲烷的解离在 $MeO_\delta(hkl)$ 的表面进行。因此,将这两个动力学分区的机理合并起来探讨,也将对二者的不同点进行分析和讨论。

表 3.7 中列出了 CH_4 和 O_2 在 $MeO_\delta(hkl)$ 上的解离和后续的基元反应过程。由于这里涉及两个动力学区间,所以 $step_{5,j}$ 和 $step_{4,j}$ 都统一为 $step_{5,j}$。氧空位仅接受氧原子的进入,这是因为在高氧分压情况下,其他物质很少在这个位置进行吸附(Fujimoto et al., 1998),所以在这两个动力学区间的反应机理应使用 MVK 提出的反应机理。O_2 首先进入氧空位,其中一个氧原子被金属活性位吸附,另外一个氧原子被 Pd 原子吸附而成吸附氧,直到找到另外一个活性氧空位进行吸附成为晶格氧。甲烷的解离是在表面的金属原子以及一个晶格氧上进行(Pd-O),并且甲烷的第一步解离为速控步,生成物为 Pd-CH_3 和 OH^*,如图 3.24 所示。虽然在 3.1 中发现其活化能较低,但是甲烷从气相吸附到催化剂表面有较大自由度的改变,使得熵降低。气体从气相到催化剂表面解离过程的指前因子较小(熵减数值较大),而表面上吸附自由基之间反应的指前因子却较大(熵变数值较小)。

表 3.7　CH_4 在动力学区间Ⅳ或Ⅴ氧化的基元反应过程

反应类别	步骤编号	基元反应	反应速率及平衡常数
O_2 解离反应	5.1	$O_2 + ^* \rightleftharpoons O_2^*$	$k_{5,1f}, k_{5,1r}$
	5.2	$O_2^* + ^* \longrightarrow 2O^*$	$k_{5,2f}$
CH_4 解离反应	5.3	$CH_4 + ^* + O^* \longrightarrow CH_3^* + OH^*$	$k_{5,3f}$
CO 生成反应	5.4	$C^* + O^* \rightleftharpoons CO^* + ^*$	$K_{5,4}$
	5.5	$CO^* \rightleftharpoons CO + ^*$	$K_{5,5}$
CO_2 生成反应	5.6	$CO^* + O^* \rightleftharpoons CO_2^* + ^*$	$K_{5,6}$
	5.7	$CO_2^* \rightleftharpoons CO_2 + ^*$	$K_{5,7}$
	5.8	$CO_2^* + O^* \rightleftharpoons CO_3^* + ^*$	$K_{5,8}$
	5.9	$CO_3^* \rightleftharpoons CO_2 + O^*$	$K_{5,9}$
H_2 生成反应	5.10	$H^* + H^* \rightleftharpoons H_2^* + ^*$	$K_{5,10}$
	5.11	$H_2^* \rightleftharpoons H_2 + ^*$	$K_{5,11}$
OH^* 生成反应	5.12	$H^* + O^* \rightleftharpoons OH^* + H$	$K_{5,12}$
H_2O 生成反应	5.13	$OH^* + OH^* \rightleftharpoons H_2O^* + O^*$	$K_{5,13}$
	5.14	$H_2O^* \rightleftharpoons H_2O + ^*$	$K_{5,14}$

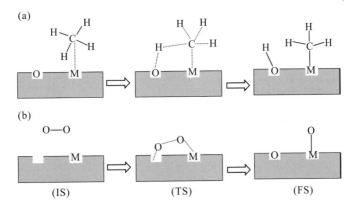

图 3.24 （a）CH_4 和（b）O_2 分别在 Me-O 和 Me-晶格氧空位上的解离过程，

IS、TS 和 FS 分别为初态反应物、过渡态反应物和终态产物

晶格氧要比吸附氧更为稳定，所以氧气在催化剂表面的解离过程假设为不可逆过程。Au-Yeung 等（1999）利用同位素 $^{16}O_2$-$^{18}O_2$ 的技术也验证了在 800K 以下时，二者不存在置换反应。晶格氧空位通过其他吸附自由基吸附氧而被释放，活性空位则通过释放产物 CO_2 和 H_2O 被暴露出来。当反应达到平衡时，每消耗一个甲烷分子需要消耗两个氧气分子，那么由化学式 step5.2 和 step5.3 可得甲烷催化燃烧反应速率为

$$r_5 = \frac{1}{2}k_{5,2f}\theta_{O_2}\theta_* = k_{5,2f}P_{CH_4}\theta_*\theta_O \tag{3.50}$$

由化学式 step5.1 可得

$$K_{5,2}P_{O_2}\theta_* = \theta_{O_2} \tag{3.51}$$

联合式（3.50）和式（3.51），可得氧覆盖率和活性空位的关系

$$\frac{\theta_O}{\theta_*} = \frac{k_{5,2f}K_{5,2}P_{O_2}}{2k_{5,2f}P_{CH_4}} \tag{3.52}$$

由于 CO* 未被检测，这里不再考虑其解离过程，那么 step5.4 和 step5.5 中的组分可忽略不计，而 step5.6 中包含 CO*，此反应不关键也不应被考虑进来，由化学式 step5.7 可得

$$K_{5,7}\theta_{CO_2} = P_{CO_2}\theta_* \tag{3.53}$$

$$K_{5,8}\theta_{CO_2}\theta_O = P_{CO_3}\theta_* \tag{3.54}$$

$$K_{5,9}\theta_{CO_3} = P_{CO_2}\theta_O \tag{3.55}$$

联合式（3.52）和式（3.55）可得 CO₃* 与* 的关系

$$\frac{\theta_{CO_3}}{\theta_*} = P_{CO_2}\frac{k_{5,2f}K_{5,2}P_{O_2}}{2k_{5,2f}K_{5,9}P_{CH_4}} \tag{3.56}$$

OH* 一般以甲烷脱氢的方式生成，而 H* 吸附自由基很难在表面稳定存在。那么 step5.10～5.12 中的反应可忽略不计，由化学式 step5.13 可得

$$K_{5,13}\theta_{OH}^2 = \theta_{H_2O}\theta_O \tag{3.57}$$

化学式 step5.14 可得

$$K_{5,14}\theta_{H_2O} = P_{H_2O}\theta_* \tag{3.58}$$

联合式(3.52)、式(3.57)和式(3.58)可得

$$\frac{\theta_{OH}}{\theta_*} = \sqrt{\frac{K_{5,2}}{2K_{5,13}K_{5,14}} \frac{P_{O_2}P_{H_2O}}{P_{CH_4}}} \tag{3.59}$$

从上面的分析可以看出，需要考虑的组分为：O*、CO$_2$*、CO$_3$*、OH*和 H$_2$O*。其他组分很难以较高的覆盖度存在，活性空位可以表示为

$$\theta_* = \frac{1}{1 + \dfrac{\theta_O}{\theta_*} + \dfrac{\theta_{OH}}{\theta_*} + \dfrac{\theta_{H_2O}}{\theta_*} + \dfrac{\theta_{CO_2}}{\theta_*} + \dfrac{\theta_{CO_3}}{\theta_*}} \tag{3.60}$$

将上面推导得到的活性成分与活性空位的关系式代入式(3.60)中，可得

$$\theta_* = \frac{1}{1 + \dfrac{k_{5,2f}K_{5,2}P_{O_2}}{2k_{5,2f}P_{CH_4}} + \sqrt{\dfrac{K_{5,2}}{2K_{5,13}K_{5,14}} \dfrac{P_{O_2}P_{H_2O}}{P_{CH_4}}} + \dfrac{P_{H_2O}}{K_{5,14}} + P_{CO_2}\left(\dfrac{1}{K_{5,7}} + \dfrac{K_{5,2}P_{O_2}}{2K_{5,9}P_{CH_4}}\right)} \tag{3.61}$$

联合式(3.50)、式(3.51)和式(3.61)可以得到甲烷的燃烧反应速率为

$$r_5 = \frac{k_{5,2f}K_{5,2}P_{O_2}}{2}$$
$$\times \left(\frac{1}{1 + \dfrac{k_{5,2f}K_{5,2}P_{O_2}}{2k_{5,2f}P_{CH_4}} + \sqrt{\dfrac{K_{5,2}}{2K_{5,13}K_{5,14}} \dfrac{P_{O_2}P_{H_2O}}{P_{CH_4}}} + \dfrac{P_{H_2O}}{K_{5,14}} + P_{CO_2}\left(\dfrac{1}{K_{5,7}} + \dfrac{K_{5,2}P_{O_2}}{2K_{5,9}P_{CH_4}}\right)}\right)^2 \tag{3.62}$$

式(3.62)为 H$_2$O、CO$_2$、O$_2$ 和 CH$_4$ 同时存在时的甲烷转化速率，当 OH*为最丰时，式(3.62)可简化为

$$r_5 = k_{5,2f}K_{5,13}K_{5,14}\frac{P_{CH_4}}{P_{H_2O}} \tag{3.63}$$

当 CO$_2$*或 CO$_3$*最丰时，式(3.62)可简化为

$$r_5 = \frac{k_{5,2f}K_{5,2}P_{O_2}}{2\left(\dfrac{1}{K_{5,7}} + \dfrac{K_{5,2}}{2K_{5,9}} \dfrac{P_{O_2}}{P_{CH_4}}\right)^2} \frac{1}{P_{CO_2}^2} \tag{3.64}$$

从式(3.64)可以看出，CO$_2$ 的反应级数为-2，而 CH$_4$ 和 O$_2$ 的含量也会对反应速率产生一定的影响。

3.2.2 反应产物对甲烷催化燃烧的作用机制

在这一小节将探讨 H$_2$O 和 CO$_2$ 的浓度对甲烷催化燃烧反应速率的影响。由于实际燃烧过程甲烷的燃烧一般都在空气当中进行，所以本小节将实验气氛设定为：保持20kPa的氧气和2kPa的甲烷分压不变，改变 H$_2$O 和 CO$_2$ 的分压(0~15kPa)，而 N$_2$ 作为补偿气体使得气流总压力为大气压。CO$_2$ 和 H$_2$O 的浓度对甲烷催化燃烧的影响如图3.25所示。

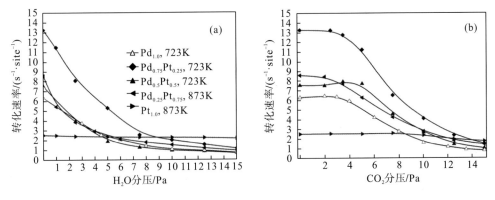

图 3.25 (a)H_2O 和(b)CO_2 对甲烷催化燃烧的影响

注：$CH_4=2kPa$, $O_2=20kPa$.

H_2O 和 CO_2 在分别考虑其单独压力情况下的反应级数如表 3.8 所示。

表 3.8 H_2O 或 CO_2 在 5 种不同催化剂上对甲烷燃烧时的反应级数

反应级数	反应速率表达式	$Pd_{1.0}Pt_0$	$Pd_{0.75}Pt_{0.25}$	$Pd_{0.5}Pt_{0.5}$	$Pd_{0.25}Pt_{0.75}$	$Pd_0Pt_{1.0}$
H_2O (α)	$r=k_{x,1-x}(CH_4)^{1.0}(H_2O)^{\alpha}$	-1.03	-1.05	-0.98	-0.79	-0.04
CO_2 (β)	$r=k_{x,1-x}(CH_4)^{1.0}(CO_2)^{\beta}$	-1.92	-1.83	-1.89	-1.39	-0.58

从图 3.25(a)可以看出，随着 H_2O 压力的增加，Pd 以及 Pd-Pt 金属催化剂上的甲烷反应速率都有不同程度的下降，而 Pt 催化剂上甲烷转化速率不会随着 H_2O 压力的增加而增加。将实验点取对数，并进行线性拟合可以得到甲烷反应速率与 H_2O 分压的关系，并得到其反应级数(表 3.8)。可以看出，$Pd_{1.0}$、$Pd_{0.75}Pt_{0.25}$ 以及 $Pd_{0.5}Pt_{0.5}$ 的反应级数分别为-1.03、-1.05 和-0.98，均接近于-1，表明甲烷在这 3 种催化剂上的燃烧过程速率随着氧分压的增加成反比例减小。$Pd_{0.25}Pt_{0.75}$ 上 H_2O 对甲烷氧化的反应级数为-0.79，大于-1，这是因为单层氧化物对甲烷的催化燃烧活性要小于多层氧化物，同样地对于 OH^* 或 H_2O^* 的吸附也小于多层氧化物。由于含 Pd 催化剂具有 Pd 类似的性质，所以将它们统一来讨论，其有区别的性质再分开来探讨。如果假定 H_2O^* 的覆盖度为最丰中间产物，那么式(3.62)可简化为

$$r_5 = \frac{k_{5,2f}K_{5,2}K_{5,14}{}^2}{2}\frac{P_{O_2}}{P_{H_2O}{}^2} \tag{3.65}$$

可以看出，如果假设 H_2O^* 为最丰中间产物，那么 H_2O 的反应级数为-2，而 O_2 的反应级数为+1，CH_4 的反应级数为 0，这显然与实验所测得的 H_2O、O_2 和 CH_4 的反应级数-1、0、+1(近似值)不符。这是由于 H_2O 中的两个 H 原子和 O 进行配位，O 很难再有多余电子去与催化剂表面的金属原子进行配位，所以难以形成较大覆盖度的表面。H_2O^* 由两个 OH^* 反应生成，实验结果表明 OH^* 很难被消耗掉，与其他人的研究结果相符(Chin et al., 2011; Fujimoto et al., 1998; Chin and Iglesia, 2011)。假定 OH^* 在甲烷催化燃烧中是最丰反应中间物(most abundant intermediate species, MAIS)，可以得到如式(3.63)的表达式，式中甲

烷的反应速率与 CH_4 浓度成正比(反应级数+1),与 H_2O 的压力成反比(反应级数-1),与 O_2 的压力无关,反应级数与实验得到的数值接近。

Pt 基催化剂上甲烷的燃烧速率与 H_2O 的压力几乎无关,H_2O 的反应级数为-0.04,几乎接近于 0。如果假设 H_2O^* 为最丰反应中间物,那么式(3.48)可简化为

$$r_3 = k_{3,3f} K_{3,11} \sqrt{K_{3,2} K_{3,1}} \frac{\sqrt{P_{O_2}} P_{CH_4}}{P_{H_2O}} \tag{3.66}$$

如果假设 OH^* 为最丰反应中间物,式(3.48)简化为

$$r_3 = k_{3,3f} \sqrt{K_{3,10} K_{3,11}} \frac{P_{CH_4}}{\sqrt{P_{H_2O}}} \tag{3.67}$$

H_2O 在上述两种假设情形下的反应级数分别为-1 和-0.5,这和实验所得反应级数-0.04 不符。此外,如果假设 O^* 为最丰反应中间物,可得到式(3.49),甲烷和氧气反应级数分别为 1 和 0,与实验结果相符。

实验中发现含 Pd 催化剂虽然在 H_2O 的氛围对甲烷的燃烧有抑制作用,然而当 H_2O 被移除,经过30min 后再次测量发现甲烷的反应速率恢复到最初(还未第一次通入 H_2O 时)的水平。这表明 H_2O 对含 Pd 基催化剂活性的影响是动力学上的而并非催化剂颗粒的重构。因此,H_2O 对含 Pd 催化剂催化甲烷燃烧并无钝化作用,这种抑制作用是可逆的。

图3.25(b)为 CO_2 对 5 种催化剂催化甲烷燃烧反应速率的影响,结果表明在压力小于 3~5kPa 时,CO_2 对所有催化剂上的甲烷氧化速率都没有影响。但是当压力大于 3~5kPa 时,CO_2 仅对 Pt 催化剂无抑制作用,而对其他催化剂都有较大的抑制作用。这表明 CO_2 在高分压时能够被催化剂表面所吸附,形成较为稳定的结构。由于氧化物表面存在大量的 O^*,CO_2 被吸附可生成 CO_2^* 和 CO_3^*。假定 CO_2^* 和 CO_3^* 为最丰反应中间物,式(3.62)可简化为式(3.64),其甲烷的燃烧速率正比于 $P_{CO_2}^{-2}$。虽然 CH_4 和 O_2 对反应速率也有一定影响,但是这种影响是可以忽略的。表 3.8 中 CO_2 在 $Pd_{1.0}$、$Pd_{0.75}Pt_{0.25}$ 以及 $Pd_{0.5}Pt_{0.5}$ 上的反应级数分别为-1.92、-1.83 和-1.89,它们的数值都接近于-2,符合通过推导得到的 CO_2 的反应级数。$Pd_{0.25}Pt_{0.75}$ 的反应级数更接近于-1,这主要是 CO_2 与 OH^* 竞争吸附机制导致的。假定 OH^*、CO_2^* 和 CO_3^* 都为最丰反应中间物,式(3.62)可化简为

$$r_5 = \frac{k_{5,2f} K_{5,2} P_{O_2}}{2} \left(\frac{1}{\sqrt{\dfrac{K_{5,2}}{2 K_{5,13} K_{5,14}} \dfrac{P_{O_2} P_{H_2O}}{P_{CH_4}}} + P_{CO_2} \left(\dfrac{1}{K_{5,7}} + \dfrac{K_{5,2} P_{O_2}}{2 K_{5,9} P_{CH_4}} \right)} \right)^2 \tag{3.68}$$

式(3.68)中 OH^* 会占用一定的活性位,这使得 CO_2 的实际反应级数应大于-2,而本实验测得的数值为-1.39($Pd_{0.25}Pt_{0.75}$)。Pt 基催化剂在高 CO_2 分压($P_{CO_2} >10$ kPa)情况下有一个较大的活性下降,表明当 CO_2 浓度提高到一定数值,也能在 O^* 覆盖的催化剂表面占据部分位置。由于 O^* 完全覆盖了表面,所以 CO_2 只能和 O^* 结合生成 CO_3^*,简化(3.48)可得

$$r_3 = k_{3,3f} K_{3,9} \frac{P_{CH_4}}{P_{CO_2}} \tag{3.69}$$

式(3.69)中 CO_2 的反应级数为-1,接近于实验获得的数值-0.54。式(3.69)是在假设

CO_3^* 为最丰反应中间物为前提下推导而得，但是 O^* 依然能占据大部分的活性位，CO_2 的反应级数的大小取决于 O^* 与 CO_3^* 的竞争吸附能力。那么式(3.48)可简化为

$$r_3 = k_{3,3f} P_{CH_4} \frac{1}{1 + \dfrac{P_{CO_2}}{K_{3,9}}} \tag{3.70}$$

从式(3.70)也可以看出，当 P_{CO_2} 远小于 K_9 时，CO_2 的影响可以忽略，得到式(3.49)，甲烷的反应速率仅和 CH_4 的浓度成正比关系；当 P_{CO_2} 远大于 K_9 时，表面完全被 CO_3^* 所覆盖，可得到式(3.69)，此刻的 CO_2 的反应级数为-1。正是由于 CO_3^* 与 O^* 存在竞争吸附关系，实验所得到的 CO_2 的反应级数仅为-0.58。

3.2.3　实验结果与量子化学模拟结果对比

将计算得到的基元反应活化能和总反应速率常数进行联合计算，以获得总反应活化能，从而与表观活化能进行对比分析，如表 3.9 所示。总反应的反应速率为

$$\text{rate} = k_{i,j} K_{i,j+l} \prod_{i=1}^{n} R_i^{x_i} = A_{i,j} \mathrm{e}^{-\frac{\Delta E_{i,j}}{RT}} \frac{\mathrm{e}^{-\frac{\Delta E_{i,(j+l)f}}{RT}}}{\mathrm{e}^{-\frac{\Delta E_{i,(j+l)r}}{RT}}} \prod_{i=1}^{n} R_i^{x_i} \tag{3.71}$$

式(3.71)中，i 表示动力学区间，j 和 $j+l$ 表示第 j 和 $j+l$ 步反应，当然反应中并不一定只存在一个 k 或 K。由式(3.71)可得总反应的活化能

$$\Delta E_a = \Delta E_{i,j} + \Delta E_{i,(j+l)f} - \Delta E_{i,(j+l)r} \tag{3.72}$$

式(3.5)为动力学区间 I 的甲烷氧化反应速率，总的反应速率常数为 $0.5k_{1,2f}K_{1,1}$，结合式(3.72)可得总体反应的活化能为

$$\Delta E_1 = E_{1,2f} + \left(E_{1,1f} - E_{1,1r} \right) = E_{1,2f} - Q_{O_2} \tag{3.73}$$

表 3.9　模拟计算得到的总反应活化能与实验获得的表观活化能的对比

动力学区间	I	II	III	IV 和 V
MAIS	*-*	O*-*	O*-O*	Me-O
$Pd_{1.0}$			145(163)	65(61)
$Pd_{0.75}Pt_{0.25}$	8	87(81)		62
$Pd_{0.5}Pt_{0.5}$	12	89		62(67)
$Pd_{0.25}Pt_{0.75}$	15	79(79)		101(110)
$Pd_{0.05}Pt_{0.95}$			136	
$Pt_{1.0}$	5(31)	81(77)	160(175)	

注：括号里面的数值为模拟计算得到，活化能单位为 $kJ \cdot mol^{-1}$。

动力学区间 I 中甲烷的反应速率和 C—H 的解离无关，仅与 O_2 的浓度有关。结合图 3.3(a) 和式(3.73)可得 Pt 表面甲烷氧化动力学区间 I 的活化能为 $31kJ \cdot mol^{-1}$，这个数值显然小于计算得到的 CH_4 解离活化能 $78kJ \cdot mol^{-1}$。因此，动力学区间 I 的甲烷反应速率应主要由氧

气的浓度来决定。

在动力学区间 II，O_2 与 CH_4 解离的活化能的大小直接决定着整体反应的反应速率。在动力学区间 II 的后部分，CH_4 主要在 O*和被 O*包围的活性空位*上进行解离。以 Pt(111) 为例，CH_4 在 O*-*上的解离活化能为 147kJ·mol^{-1}，图 3.3(b) 中的氧气完全解离成 O*-O* 所需要的活化能为 228kJ·mol^{-1}，结合式 (3.33) 和式 (3.72) 可得反应动力学区间 II 后部分的活化能为

$$\Delta E = 2\Delta E_{2,4f} - \Delta E_{2,2f} - \left(\Delta E_{2,1f} - \Delta E_{2,1r}\right) = 2 \times 147 - 228 + 11 = 77 \text{kJ·mol}^{-1} \qquad (3.74)$$

模拟得到的活化能为 77kJ·mol^{-1}，其数值与表 2.6 中实验测得的动力学区间 II 的数值 81kJ·mol^{-1} 吻合。

此外，Pt/PdPt(111) 和 Pd/PdPt(111) 面上的氧气解离过程与 Pd(111) 和 Pt(111) 上的解离过程相似，这里不再赘述。考虑到 0.75ML O 覆盖的 Pt/PdPt(111) 面上的氧气解离时，$\Delta E_{2,2f}$ 的值为 233kJ·mol^{-1}，$(\Delta E_{2,1f}-\Delta E_{2,1r})$ 的值为 -8kJ·mol^{-1}，从而计算得到的总反应活化能为 79kJ·mol^{-1}。考虑 0.75ML O 覆盖的 d/PdPt(111) 面上的氧气解离时，$\Delta E_{2,2f}$ 的值为 209kJ·mol^{-1}，$(\Delta E_{2,1f}-\Delta E_{2,1r})$ 的值为 -12kJ·mol^{-1}，利用式 (3.16) 计算得到的总反应活化能为 81kJ·mol^{-1}。假设富 Pd 的合金催化剂表面为 Pd$_{0.75}$Pt$_{0.25}$ 模型，而富 Pt 的合金催化剂表面为 Pd$_{0.25}$Pt$_{0.75}$ 模型，将计算的模拟结果列入表 3.9 中。

可以看出，动力学区间 II 的甲烷在 Pt/PdPt(111) 和 Pd/PdPt(111) 表面催化燃烧所得的模拟结果非常接近，而且与第 2 章中获得的动力学参数也非常接近。因此，Pd-Pt 双金属催化剂在动力学区间 II 时，不管是富 Pd 表面还是富 Pt 表面都得出了相近的甲烷氧化总反应活化能。此外，由于本节在研究本征动力学时，甲烷转化率较低，所以 H_2O 和 CO_2 的浓度可以忽略不计。对于含 Pd 的合金催化剂在高氧浓度下的甲烷催化燃烧而言，甲烷的第一步解离活化能即为总反应活化能，且发现模拟结果和实验结果相符。

3.3 本 章 小 结

首先，利用 DFT 的方法模拟计算 Pd、Pt 和 Pd-Pt 催化剂上不同氧化学势下甲烷催化燃烧的关键步骤，主要涉及金属 (111) 切面和 (100) 切面、两种表面氧部分覆盖、氧全部覆盖、以金属表面作为基底的 PdO$_\delta$(hkl) 单层氧化物和双层氧化物表面、PdO(101) 和 PdO(100) 表面上的第一步甲烷解离过程，催化剂的表面状态基本由催化剂颗粒的金属成分、氧分压和温度确定；其次，利用 Langmuir-Hinshelwood, Eley-Rideal 和 Mars-van Krevelen 3 种动力学方法对 CH_4 和 O_2 的解离以及后续基元反应过程进行甲烷氧化速率公式的推导，并在最丰反应中间物的假设下简化反应速率公式；再次，分析了在 P_{CH_4} =2kPa, P_{O_2} =20kPa 时，H_2O 和 CO_2 的加入 (0~15kPa) 对甲烷氧化速率的影响，同时验证了机理及假设的正确性；最后，结合本章所推导得到的动力学关系式以及 DFT 计算的动力学参数与实验结果进行了对比。研究得出如下的结论。

(1) 随着氧覆盖的增加，表层金属原子配位数增加，Pd 和 Pt 金属表面氧的吸附能逐渐降低，且氧气难以在更高 O 覆盖度的金属表面进行解离。DFT 计算结果表明氧覆盖度

较低时氧气的解离过程是不可逆的，而在较高覆盖度下，氧气的解离过程可逆。

（2）当氧分压较低时，催化剂活性位为洁净的金属表面，活性位得到了充分的暴露，金属活性位的覆盖度近似为 1。简化得到的反应速率表达式中氧气和甲烷的反应级数分别为 1 和 0，符合实验所得动力学结果。在(111)表面的甲烷解离过程生成物 CH_3 和 H 分别吸附在顶位和 fcc 位时活化能最小，而(100)表面的甲烷解离过程 CH_3 和 H 都吸附在顶位时具有最小活化能，且 H 原子在各个位置的吸附是简并的。CH_3 和 H 的吸附能越大，甲烷解离活化能越小。Pd-Pt 双金属催化剂在甲烷活化方面比单金属 Pd 和 Pt 更具优势，但优势并不明显。

（3）氧原子部分覆盖表面，活性空位较少，甲烷在 O*-* 上进行解离，计算得到的甲烷解离活化能要大于在金属表面的解离活化能。随着氧覆盖度的增加，CH_3 和 H 的吸附能也随之降低，导致甲烷更难被活化；如果金属表面被氧化不发生畸变，更大的氧分压导致甲烷更难被活化。以 O* 作为最丰物质，简化后的反应速率表达式可得 CH_4 和 O_2 的反应级数为 2 和 -1。氧气的增加会导致活性位的减少，所以在此动力学区间氧气在动力学上是抑制燃烧的作用。

（4）当氧原子完全覆盖时，CH_4 只能在 O*-O* 上进行解离，氧气的解离是可逆并且反应速率远大于 CH_4 的解离速率，燃烧反应受到甲烷自身的浓度控制。氧原子全覆盖时的 Pd(111) 和 Pt(111) 表面的甲烷解离活化能分别为 $163 kJ \cdot mol^{-1}$ 和 $175 kJ \cdot mol^{-1}$。

（5）Pd-Pt 双金属在氧分压较高时，Pd 原子更容易被析出到催化剂表面。由于表面的氧化学势增加，表面的 Pd 原子层结构将发生畸变，金属原子和 O 原子形成单层或者多层氧化物结构。晶格氧比吸附氧更加稳定，因此 O_2 的解离过程不可逆。对一系列单层氧化物的甲烷燃烧关键步骤的研究发现 PdO(101)/Pt(100) 的活化能最小（$110 kJ \cdot mol^{-1}$），并且 Pt 原子在氧化物中的掺杂对甲烷氧化的活化性能影响并不大。当 PdO(101) 为双层覆盖在 Pt(100) 上时，活性得到了极大的提高，其活性接近于多层氧化物，在富 Pd 的 Pd-Pt 双金属催化剂中，Pd(101) 为其主要的活性表面。

（6）H_2O 在含 Pd 催化剂上的反应级数接近 -1，H_2O 对甲烷的燃烧具有抑制作用，主要由于与 OH* 竞争活性位所导致。CO_2 在压力大于 3~5kPa 时，对含 Pd 催化剂具有极大的抑制作用。在高 CO_2 分压下，CO_2* 和 CO_3* 是与甲烷和氧气竞争吸附位的关键最丰反应中间物。此外，CO_2 和 H_2O 几乎不影响 Pt 催化剂的活性。

（7）利用反应动力学及机理推导得到的简化关系式，结合 DFT 计算得到的反应关键步骤的动力学参数，获得总反应中的关键动力学参数，与实验结果相符。

第4章 催化剂结构与甲烷反应性能的构效关系

本章通过化学滴定的方法合成了新型核壳结构的催化剂(PdO-shell@Pt-core),对所合成的核壳结构催化剂,利用光谱技术,准确地获得了双金属催化剂表面的金属 Pt 位点和金属 Pd 位点的数量,提出了活性位点的区分方法。同时,为进一步研究 Pd-Pt 双金属催化剂的晶粒结构和催化活性的变化规律,通过调整催化剂 Pd/Pt 元素之间的比例,从而更加深入地探讨载体表面催化晶粒的类型、元素组成以及粒径大小,以及晶粒平均粒径、晶粒氧化程度对催化活性的影响规律。

4.1 核壳结构 Pd-Pt 催化剂的合成方法及其相分离过程

本节采用一种新型催化剂制作方法,来合成具有高催化性能的 Pd-Pt 核壳结构催化剂。

4.1.1 核壳结构 Pd-Pt 催化剂的合成方法

甲烷催化氧化催化剂的制备过程都经过了焙烧与还原两个阶段,还原后的催化剂在高温下抽真空(12h)后降至室温,利用氢气或氧气等探针分子进行化学吸附的测量。但要注意到,上述催化剂合成过程是直接引入高浓度的氧气和氢气,氧气在高温的作用下快速穿过贵金属晶粒的壳层并将晶粒体相氧化。这个过程进行得太快以至于在合金晶粒中,Pd-Pt 原子之间并未进行充分的运动即停止,而后在氢气还原过程中,氧分子快速脱出,使得 Pd-Pt 原子之间的相对运动依然有限。这里核壳结构催化剂的合成方法主要是通过缓慢氧滴定的方法,使得 Pd-Pt 元素逐渐分离,最终形成 Pt 核 Pd 壳结构。

一般来说,两种金属在形成晶体的过程中,存在一定的相对运动,二元金属之间的热力学不稳定性使得两种金属之间存在驱动力,从而使整个合金体系达到热力学稳定。相对于 Pd、Pt 两种金属面 [以(100)晶面为例],Pt 的表面自由能(2.48J/m^2)要大于 Pd 的表面自由能(1.90J/m^2),而氧化后,PdO 的表面自由能进一步减小为 0.53J/m^2。因此 Pt-Pd 二元金属系若要保持稳定,Pd 元素需覆盖于 Pt 表面,以降低体系自由能。同时,如果对合金进行缓慢氧化,PdO 由于具有更低的自由能而向合金表面或外壳层移动,从而进一步降低了体系自由能,合金达到更稳定的状态。

核壳结构催化剂制作方法如图 4.1(a)所示,焙烧后的催化剂首先经氢气还原,后在高温下抽真空以除掉金属表面吸附的氢气,接下来进入氧滴定过程。核壳结构制作过程中的氧滴定类似于化学吸附过程,从真空条件下开始,氧脉冲控制在 1~5μmol,脉冲间隔 2h,反应腔内的压力逐渐增加至 50kPa。热力学平衡条件为氧压力变化范围在 0.16Pa/s 以内即可,滴定后的催化剂可根据催化剂对氧的吸附量确定高温下的氧吸附曲线。当然为测定核壳结构的催化剂表面分散度，继续对催化剂进行高温还原处理，然后真空保持 12h，最后温度降至常温，用氧气测定催化剂晶粒表面分散度。

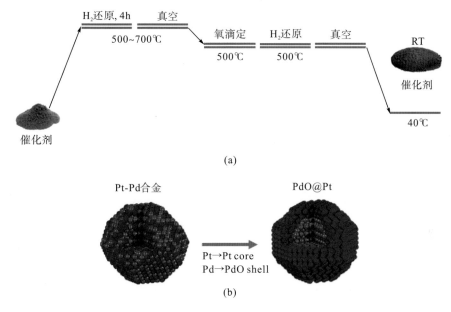

图 4.1　(a)核壳结构催化剂制作流程图；(b)氧诱导下的 Pd-Pt 元素分离示意图

实际上，在双金属催化剂的焙烧与还原过程中存在金属元素的相对移动，但由于氧化与还原过程进行过于迅速，两种元素间的相对运动无法充分进行，最终导致元素之间不能进行有效的相分离。通过能量色散 X 射线谱(X-ray energy dispersive spectrum, EDS)分析，也可看到大晶粒有相分离的迹象，但表面物种依然有 Pd-Pt 共存的现象，而通过氧在金属表面的缓慢滴定，则可让二元金属实现完全分离。

图 4.1(b)所示为氧诱导下的 Pd-Pt 元素分离示意图，PdO 由于具有较低的表面自由能而覆盖在晶粒外层，高自由能的 Pt 元素则向内移动形成核，核壳结构使 Pd 元素完全分布在晶粒表面。

4.1.2　核壳结构 Pd-Pt 催化剂晶粒模型及其高催化活性

以上实验中进行了高温氧滴定和低温化学吸附两个过程，高温氧处理(或称作氧化过程)，可测定催化剂晶粒的体相氧化情况，测定氧元素与催化金属之间的比例，获得氧化物类型；低温氧吸附可测量催化剂表面原子量，进而求得分散度，该过程认为氧在金属表面原子上符合 Langmuir 等温吸附，氧原子在表面金属原子上单层吸附，且氧与金属之间形成 1∶1 成键关系。图 4.2 所示为单金属 Pd、Pt 和双金属 Pd-Pt 催化剂的体相氧化情况与表面分散度。由图可知，低温表面吸附过程可在氧压力较低的情况下快速完成，这主要是因为低温吸附主要在晶粒表面进行，气体在金属表面解离并形成单层吸附；而高温吸附过程则需要较高的氧压力才可达到热力学稳定，高氧压力实际上也提供了氧传递的驱动力，使得氧分子可在热力学平衡的作用下向晶粒内部实现均衡的过程。

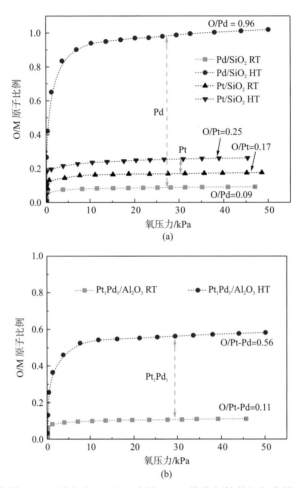

图 4.2   (a) 单金属 Pd、Pt 催化剂和 (b) 双金属 Pd-Pt 催化剂的体相氧化情况与表面分散度

注：RT 表示常温过程，HT 表示高温过程。

从图 4.2(a) 图中可以看出，高温氧滴定曲线 (金属 Pd 和金属 Pt 催化剂) 均高于其常温氧滴定曲线，这主要是由于氧分子向催化剂晶粒内部金属原子吸附，从而导致氧/金属原子比例升高。就金属 Pt 催化剂的氧滴定过程而言，发现氧在 Pt 晶粒上的表面吸附和体相氧化差距较小，O/Pt 比例仅由 0.17 升至 0.25。这个现象表明温度升高后，氧对 Pt 晶粒的氧化过程由表面向体相延伸，内层原子受到氧化作用，氧吸收量上升。

就金属 Pd 催化剂的氧滴定过程而言，发现这里的 O/Pd 比例存在较大变化 (由 0.09 升至 0.96)。首先对于 O/Pd=0.09，该值显示了 Pd 晶粒的表面分散度，比常温下的 O/Pt 值小，表明在同一温度处理下，Pd 晶粒的粒径要比 Pt 晶粒大，这与本节前部分所述的趋势相同。再者对于 O/Pd=0.96，该值实际上已经趋近于 1，表明高温下氧在 Pd 晶粒内实现了均匀扩散，晶粒内的 O-Pd 元素基本实现了一一对应的氧化关系，形成 PdO。对比 O-Pd 元素结合与 O-Pt 元素结合，O 与 Pd 的成键能力要强于 O 与 Pt 的成键能力。对于合金晶粒，在氧向晶粒内部扩散的过程中，O 元素会优先于 Pd 元素成键，当然由于 O 元素是从表面向内部扩散，因此在成键的过程中，O 元素会对 Pd 元素产生一个向壳层的驱动力，使得 Pd

元素在表面进一步富集。合金晶粒中的元素运动是一个缓慢进行的过程，晶粒表面的氧压力缓慢增大使得元素运动中的每一个过程都在热力学准稳态条件下完成。如果直接给与催化剂表面晶粒以高氧压力，比如空气中的氧压力，则催化剂晶粒表面同样在热力学作用下建立平衡过程，该平衡过程并不能使得氧元素在催化剂晶粒内部均匀扩散，故只有通过氧滴定的方法才可使得合金晶粒形成核壳结构。

图 4.2(b)是在合金晶粒表面进行的氧滴定实验，同样的，氧滴定从真空开始，不断加压至接近 50kPa，滴定间隔为 2h。Pd 元素和 Pt 元素在元素周期表的同一纵列，一般认为 Pt 元素电荷更高，并具有更大的原子半径。但是 Pd 和 Pt 两种元素间存在镧系元素，同时镧系元素组存在镧系收缩性，反而使得 Pt 的原子半径并没有远大于 Pd，二者的金属半径相似（Pd 原子半径 1.79Å，Pt 原子半径 1.83Å）。同时二者表面原子浓度也大致相同，这就使得金属 Pd 和金属 Pt 对于表面氧具有同等的吸附性能，在常温氧化学吸附过程中，Pd 和 Pt 均等地与氧一对一形成化学吸附。

从图 4.2(b)中可知，常温氧滴定下的 O/Pd-Pt 值低于高温氧滴定下的 O/Pd-Pt 值。常温氧化学吸附的 O/Pd-Pt=0.11，该值小于单金属催化剂的 O/Pt 值，大于 O/Pd 值，分散度值越小意味着晶粒粒径越大，这与晶粒粒径趋势相同。在高温氧滴定的实验中看到，O/Pd-Pt 值为 0.56，这个值略高于 0.5。在单金属 Pd 催化剂的高温氧滴定实验中，氧原子和金属 Pd 原子的比例是可达到接近 1 的程度的，也就是说晶粒中的 Pd 元素是几乎可以被完全氧化的；而高温氧滴定 Pt 催化剂只显示了较低的 O/Pt 值，也就是说 Pt 的氧化程度较低。所以对于双金属 Pd-Pt 催化剂，O/Pd-Pt=0.56 意味着 Pd 元素几乎被完全氧化而 Pt 元素则仅存在少量的部分氧化，其部分氧化主要集中在表面 Pt 原子上。

通过氧滴定实验证明了高温氧滴定对于制备双金属 Pd-Pt 催化剂核壳结构的可行性。氧在高温下向催化剂晶粒内部扩散的过程中优先与 Pd 成键，Pd 元素在热力学平衡作用的驱动下向外壳层运动，与氧成键而达到稳定；与此同时 Pt 元素向晶粒内部运动，形成核进而达到热力学稳定状态。

为了显示 Pd-Pt 核壳结构的晶粒和 Pd-Pt 普通结构的合金晶粒的差异，选取了一些典型的核壳结构晶粒图和普通合金结构晶粒图进行对比，如图 4.3 所示。这里使用高角环形暗场-扫描透射电子显微技术(HAADF-STEM)，该技术主要探测高角度散射电子，或称为弹性散射电子，又因这种方式没有利用中心部分的透射电子，所以显示的场为暗场像。除晶粒式样的布拉格反射外，电子散射是轴对称的，所以为实现高探测效率，该技术同时使用了环形探测器等技术。高角环形暗场(high-angle annular dark field，HAADF)的扫描图像，其强度正比于原子序数的平方，图像所代表的意义是，在样品厚度一定的条件下，图像中亮度越大的部分就代表原子序数越高，这与一般扫描透射电子显微技术(scanning transmission electron microscopy，STEM)图中所出现的相位衬度不同。那么对于双金属催化剂而言，金属 Pt 因具有高原子序数，在高角环形暗场中应产生明亮的像，而金属 Pd 的原子序数较低，则在高角环形暗场中只显示较暗的像。

图 4.3 中，(a)和(b)两图显示了 Pd-Pt 核壳结构的典型 STEM 图，晶粒为无定型结构，分为外层的 Pd 壳(紫线与黄线之间)和内层的 Pt 核(黄色圆圈内部)。(c)图是未经核壳结构处理 Pd-Pt 合金晶粒的 STEM 图，图中可以看出，该合金晶粒的 Pt-Pd 相分离并不明显，

只有晶粒边缘处存在一定的分离；另一方面测定合金晶粒的晶格间距为 2.25Å（111 晶面），这与单晶体 Pd 和单晶体 Pt 的(111)晶面的晶格间距大致相同。

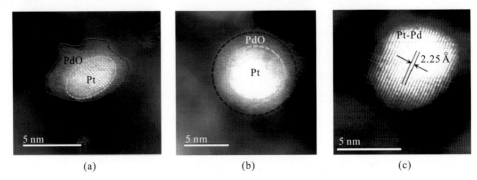

图 4.3　(a)(b)双金属 Pd-Pt 催化剂的核壳结构晶粒和(c)一般合金晶粒的 HAADF-STEM 对比图

表 4.1 为金属 Pd、Pt 及其氧化物的晶格间距、表面自由能与体相自由能的物性参数。通过对比体相自由能，发现只有 PdO 的体相自由能最低，在合金体系中达到最稳定状态。而对比表面自由能，发现 PdO 的表面自由能最低，Pd 的氧化物依然处于最稳定状态。

表 4.1　金属 Pd、Pt 元素氧化物的晶格间距、表面自由能与体相自由能

(Sakurai et al., 2008; Nell and O'Neill., 1996; Tao et al., 2010)

	还原气氛		氧化气氛		
	Pt (111) 2.265Å		PtO 7.73kJ/mol		Pt(100) 2.48J/m²
晶格	Pd (111) 2.246Å	体相自由能	PtO$_2$ 28.09kJ/mol	表面自由能	Pd(100) 1.90J/m²
	Pt-Pd(111) 2.25Å		PdO −36.3kJ/mol		PdO(100) 0.53J/m²

EDS 分析也证明了 Pd-Pt 双金属催化剂核壳结构的存在性，其典型核壳结构晶体颗粒的元素分布如图 4.4 所示。红色方框内的晶粒，沿横向分析晶粒内的元素组成。从 EDS 元素分析中可以得出，靠近中心部分，Pt 所占百分含量明显高于 Pd，几乎由 Pt 完全占据，由中心向两端延伸，Pd 的元素比例迅速上升而 Pt 的占比迅速下降，图中 Pt 核的粒径大致在 2nm 以内；而两端的元素组成主要为 Pd，此时 Pt 元素的占比非常低，证明核壳结构的外壳及表面元素主要由 Pd 元素组成。

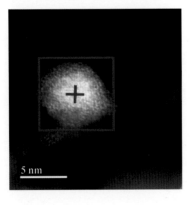
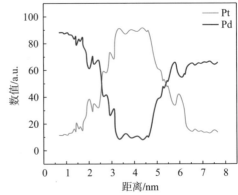

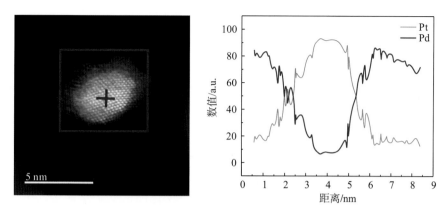

图 4.4　Pd-Pt 核壳结构的典型晶粒形貌与元素分析结果

在合成 Pd-Pt 双金属催化剂过程中，Pd 和 Pt 元素之间的共晶并不是按照负载比例完成，两种元素存在一定的溶质与溶剂的比例关系。若以金属 Pd 为溶剂，则可接收的溶质 Pt 元素的量较多；而若以金属 Pt 元素为溶剂时，可接收的溶质 Pd 元素较少。在模型假设中谈到的 Pd-Pt 合金晶粒实际上是以金属 Pd 作为溶剂、金属 Pt 作为溶质的合金，该合金表现为富 Pd 的性质且溶解了较多的 Pt 元素。在核壳结构的制作中，Pt 元素向内核运动，最终形成了合金晶粒的核壳结构。该合金晶粒不仅显示了单金属 Pd 的性质，同时还可表现出金属 Pt 对金属 Pd 元素的改良作用，使得合金表面的 Pd 元素可表现出更高的催化活性。另一方面若以金属 Pt 作为溶剂，根据二元金属的互融规律，一定质量的 Pt 元素只能溶解很少量的 Pd 元素，这就造成富 Pt 晶粒主要表现为单质晶粒，同时由于 Pt 元素晶粒粒径生长较慢，所以大多数晶粒表现为单质小晶粒，晶粒内含有较少的 Pt 元素，这就造成可溶的 Pd 元素量继续下降。对于单质 Pt 晶粒，表面元素组成主要表现为 Pt 活性位点，且 Pt 晶面越大，催化反应活性越高，Pd 元素在小 Pt 晶粒中不起作用。

图 4.5 所示为 Pd-Pt 双金属催化剂的晶粒类型及模型假设示意图。载体表面分单质 Pt 晶粒和合金大晶粒，大晶粒表现为核壳结构(Pt-core Pd-shell)，Pd 元素主要集中在合金晶粒的壳层部分，Pt 元素主要集中在单质晶粒和合金大晶粒的内核部分。两种不同类型的晶粒在甲烷催化反应过程中分别承担不同的催化反应任务，分别在不同的催化反应区间工作。

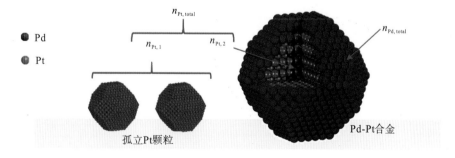

图 4.5　Pd-Pt 双金属催化剂的晶粒类型及模型假设示意图

以上部分的论述主要从实验和理论两个角度来论证双金属催化剂载体表面的晶粒类型，并进行模型假设。在后续章节的分析中，将继续借助光谱技术和反应动力学研究方法，论证上述模型的准确性与可行性。

为了对比双金属 Pd-Pt 催化剂核壳结构和普通合金结构对甲烷催化氧化性能的差异，将两种催化剂置于催化反应腔中，在相同的条件下进行甲烷催化氧化反应。反应条件为 1 kPa CH_4，20kPa O_2，氮气平衡。同时由于本章节没有进行催化活性位点的区分（后续章节将详细介绍），若将反应速率计算在全位点上不能准确反映位点的催化反应能力，这里的实验以全位点总反应速率来表征催化反应活性。表征总反应活性需在一个尺度下进行反应测量，将装载的催化剂质量固定在 0.1mg，其所对应的催化剂表面位点量同样为一定值，但核壳结构催化剂由于经过高温氧滴定处理，其晶粒表面将暴露更多的 Pd 元素并参与反应。这里将催化反应条件设计为高氧条件下的催化反应，金属 Pt 几乎不参与反应，也就是说只有金属 Pd 可对催化反应活性有贡献，而金属 Pt 的贡献可忽略。那么在假定每个 Pd 原子对甲烷的催化能力相同的条件下，表面可暴露的 Pd 原子越多，总反应速率将越高，所表现出的催化活性越好。

图 4.6 为通过总反应速率来对比 Pd-Pt 核壳结构和普通合金结构对甲烷催化氧化活性的差异。图中所示为阿伦尼乌斯曲线，可用于测量反应过程中的活化能垒，这里将总反应速率以对数坐标表示，温度以倒数的形式表示，可得两条基本平行的直线。一方面，图中线性关系的斜率可表示催化反应过程中的能垒，从平行线性可以得出，二者的活化能垒基本一致，也就是说晶粒体相结构的改变没有使得反应能垒产生变化。另一方面，核壳结构的催化氧化活性要高于合金结构，这个差值在 **44%**，即核壳结构促进了甲烷总转化率。

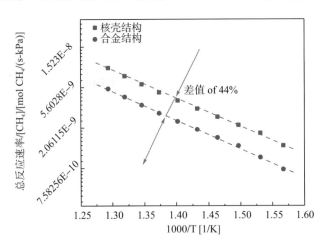

图 4.6　双金属 Pd-Pt 催化剂核壳结构和普通合金结构对甲烷催化氧化性能对比
（1kPa CH_4，20kPa O_2，N_2 平衡）

如前所述，总催化反应效率主要决定于两点：单个反应位点的催化氧化能力和表面暴露的总位点量。从图中的结果（反应能垒不变，总反应速率升高）可以得出，核壳结构催化剂在单个位点的催化性能上并不一定得到很大程度的提高，但核壳结构催化剂改变了催化剂表面元素的分布情况，使得更多的 Pd 元素替换表面 Pt 元素并暴露在催化剂晶粒表面，由于更多的 Pd 元素参与反应，从而使得催化反应活性上升。

　　以上内容探究了单金属 Pd、单金属 Pt 以及双金属 Pd-Pt 催化剂的结构特性，在处理温度相同的情况下，可以看出 Pd 催化剂晶粒粒径最大，Pt 催化剂晶粒粒径最小，合金催化剂晶粒粒径处于中间位置。通过对比单金属和双金属催化剂之间的催化活性，了解了甲烷在不同催化剂上的催化反应区间、氧化程度对甲烷催化氧化的影响、晶粒元素组成与晶粒粒径的关系，以及晶粒粒径与催化反应活性的关系。但涉及每个催化活性位点上的反应速率尚未探讨，下面利用红外光谱技术，分别对氧化态和还原态的 Pd、Pt 金属催化剂的结构特性进行表征，以确定其表面位点与表面化学状态。

4.2　氧化态 Pd-Pt 催化剂表面的红外光谱与氧化趋势

　　通过单金属催化剂和双金属催化剂的对比，前述章节已探讨了甲烷在贵金属催化剂上催化氧化性能的差异、合金晶粒元素组成、晶粒粒径分布，以及元素组成与晶粒粒径大小的相对关系。本节从红外光谱的角度出发，选择核壳结构催化剂，利用 CO 在金属表面的吸附，判定载体表面晶粒类型(合金或单质)，晶粒表面的 Pt 位点量和 Pd 位点量，合金晶粒粒径和单质晶粒粒径随 Pd/Pt 的变化而产生变化的趋势，最后将催化反应归在某一工作位点上，探讨 Pd/Pt 比例对单一催化位点催化性能的影响。

　　本节中，合成的双金属催化剂(核壳结构)分别为 $Pd_1Pt_{0.5}/Al_2O_3$、Pd_1Pt_1/Al_2O_3 和 Pd_1Pt_2/Al_2O_3，与上一节对催化剂的负载方法相同，金属 Pd 的含量固定为 1%(质量分数)，金属 Pt 的负载量与金属 Pd 成摩尔对应关系(更易于说明合金晶粒的内部组成)，Pd/Pt 摩尔比例为：0.5，1，2。表 4.2 为本节所用催化剂的元素配比、合成条件及各项物性参数。本节要求这些催化剂的晶粒粒径均值在一个较为接近的范围内，即最大晶粒粒径均值和最小晶粒粒径均值的差值在 0.5nm 左右。由上一节分析可知，Pd 元素的生长速度快于 Pt 元素，因此为了维持合金晶粒的粒径均值在一个恰当的范围内，需要通过调整温度，不断改变晶粒粒径大小，从而获得适合的晶粒粒径。从表中可以看出，随着 Pt 元素的增加，晶粒粒径均值不断下降，为了维持晶粒粒径，通过提高催化剂的还原温度，以抵消因 Pt 元素比例上升而造成的晶粒粒径快速下降。单金属 Pd 催化剂的晶粒粒径最大，在较低的温度处理下即可达到 7.73nm。单金属 Pt 催化剂依然沿用上一节所合成的催化剂，晶粒粒径由小到大依次为 2.28nm，3.90nm，6.63nm。催化剂晶粒分散度的测量是通过常温化学吸附完成的，探针分子为氧气。有 Pd 元素存在的催化剂一般用氧气测量其表面原子量，因氧分子与表面 Pd 原子在常温下易形成 Langmuir 等温吸附，该吸附可认为氧分子在金属表面以 1:1 的形式均匀分散，且形成单层吸附，因此氧作为探针分子有其科学性。但氢气不适合做金属 Pd 晶粒的探针分子，这主要是由于氢分子可储存于 Pd 元素中，形成一对多的吸附形式，故不能准确测定 Pd 晶粒的表面原子量。Pt 元素是适合用氧气或氢气在常温下测量的，二者的差别是吸附的曲线不同，但其结果一样。

表 4.2   Pd-Pt 催化剂合成条件及相关物性参数

样品 ID	Pt 元素负载量/wt%	催化剂处理温度/℃	晶粒表面分散度*/%	晶粒平均粒径值/nm
$Pd_1Pt_{0.5}/Al_2O_3$	Pd: 1%, Pt: 0.917%	C550-R650	0.156	7.15
Pd_1Pt_1/Al_2O_3	Pd: 1%, Pt: 1.83%	C550-R670	0.162	6.91
Pd_1Pt_2/Al_2O_3	Pd: 1%, Pt: 3.67%	C550-R692	0.168	6.68
Pd/Al_2O_3	Pd: 1%	C500-R500	0.144	7.73
		C600-R600	0.491	2.28
Pt/Al_2O_3	Pt: 0.917%	C650-R650	0.287	3.90
		C700-R700	0.168	6.68

*表示通过常温氧化学吸附测得。

以上双金属催化剂都经过了核壳结构处理,晶体结构满足前面给出的双金属催化剂晶粒模型。同时经过不同的温度和气氛处理,三种双金属 Pd-Pt 催化剂和单金属 Pd 或 Pt 催化剂的粒径均值大致相似,为下文的催化剂晶粒种类和粒径分析提供基础。

4.2.1   CO 在单金属 Pd 和 Pt 催化剂氧化态表面的吸附规律

以上介绍了双金属催化剂的晶粒类型与模型假设,但催化剂表面的催化位点依然不能区分,反应速率依然不能归到真实反应位点上。下面利用傅里叶红外光谱技术,通过分峰与拟合的方法,区分表面活性位点种类,为反映真实位点速率提供依据。

实验在常温下进行,所用催化剂为反应后的催化剂(反应条件:1kPa CH_4,20kPa O_2,N_2 平衡),催化剂经压片后放入原位反应腔,通入 CO 后,CO 在催化剂晶粒表面常温吸附。这里的反应条件是在 20kPa 氧气压力下进行的甲烷催化反应,因此反应后的催化剂是氧化状态。检测反应后催化剂的氧化状态可揭示反应过程中甲烷对催化表面或体相晶粒的氧化还原能力,并探讨氧化状态与催化反应活性的对应关系。CO 在物质表面的吸附因元素种类、晶面类型、吸附位置的不同而发生变化。CO 在元素表面的吸附很大程度上是由 C 元素完成的,以 C 元素为中心,C 向周围元素可输出的键能是一定的,在不吸附条件下,C—O 键之间承担了 C 元素的全部输出键能。当 CO 在金属表面吸附后,C—O 键的能量快速下降,一部分的能量转移到金属表面。CO 在金属表面的吸附涉及桥式吸附和线式吸附,其中桥式吸附吸纳了 C 元素更多的键能(C 向金属输出键能高),而使得 C 向 O 元素输出的键能快速下降,C—O 键的振动频率降低;线式吸附则相反,C 通过单键线式吸附在金属表面,向金属表面输出的键能较低,所保留下的键能全部向 O 元素输出,这使得C—O 键的能量相对于桥式吸附的 C—O 键能量更高。在傅里叶红外光谱图中,横轴显示振动频率,或称之为键能强度,指 CO 中 C—O 键的振动频率,线式吸附由于向金属原子输出能量少,吸附位处于较高频率,而桥式吸附由于向金属原子输出能量较多,吸附位处于较低频率;纵轴显示 CO 在该振动频率下的吸附量,峰面积越大表明吸附的 CO 量越多,该振动频率下的表面金属量越多。

图 4.7 所示为 CO 在单金属 Pd 和 Pt 催化剂表面吸附的红外光谱图,其中上半部分为金属 Pt 催化剂的红外吸收光谱,下半部分为金属 Pd 催化剂的红外吸收光谱,两种催化剂

都做了氧化态(在高氧条件下反应后的样品)与还原态的 CO 吸附测试。从图中可知,两种金属都分为桥式吸附区域和线式吸附区域,线式吸附区域的 CO 向金属表面原子输出的能量较少,故线式吸附区域的振动频率更高。在线式吸附区域内,又分为离子态区域和金属态区域,其中离子态区域主要指金属氧化态,而金属态仅为未被氧化的状态。对于 Pt 和 Pd 两种金属,离子态振动频率要高于金属态,这是因为在金属被氧化后,金属键能主要转移到氧化剂以形成化学键,金属和 C 元素之间的键能被大幅削弱,因此 C—O 键就显示了较高的键能。金属态的 Pd 或 Pt 元素对 C 的输出键能要大,因此 C—O 键所显示的键能要低一些。

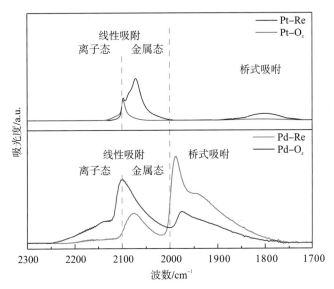

图 4.7　CO 在单金属 Pd 和 Pt 催化剂表面吸附的红外光谱［氧化态(反应后, $P_{O_2} > 20\text{kPa}$)与还原态］

　　实验选取的单金属 Pt 晶粒的粒径为 6.68nm(氧化与还原温度均为 700℃),单金属 Pd 催化剂的晶粒粒径为 7.73nm(氧化与还原温度均为 500℃)。二者的晶粒粒径相差不大,晶粒的表面分散度也大致相同,那么二者的还原态的 CO 红外吸收峰也应大致相当。但对比该图中的 Pd 和 Pt 元素的红外吸收峰,发现 Pd 的吸收峰面积几乎是 Pt 的吸收峰面积的两倍,这主要是由于金属 Pd 与金属 Pt 负载量的差异引起的。上文提到金属 Pd 的负载量固定在 1%,而金属 Pt 的负载量是根据 Pd 元素的摩尔质量需要的比例重新计算后得出的。本实验给出的单金属 Pt 催化剂的负载量为 0.917%(质量分数),接近 1%,但该负载量所对应的 Pd/Pt 原子比例为 1∶0.5,也就是说虽然晶粒分散度相同,但 Pt 催化剂的原子量少了一半,所对应的晶粒数量也少了将近一半,从而导致了 Pt 催化剂的吸收峰相对 Pd 催化剂而言也少了将近一半。

　　就单金属 Pt 催化剂而言,还原态的 Pt 晶粒比氧化态的 Pt 晶粒具有更高的 CO 红外吸收峰。Pt 晶粒的氧化主要在表面进行,氧化后的表面 Pt 原子可达到稳定状态,此时由于表面氧的阻隔,CO 中的 C 元素难以在 Pt 晶粒表面吸附,这就使得 CO 在氧化态的 Pt 晶粒上只具有较小的红外吸收峰。相反的,还原态的 Pt 晶粒由于没有表面氧的阻隔,CO 可充分地吸附在 Pt 晶粒表面,使得该条件下 CO 红外吸收峰快速升高。在 CO 线性吸附区间,吸收峰主要集中在金属态区域;而在桥式吸附区间,只有还原态的 Pt 晶粒显示出了红外桥式吸收峰,而氧化态的 Pt 晶粒在桥吸位置几乎没有 CO 的吸附。在氧化态表面,CO 线式吸附尚且困难,桥式吸附则更不易进行。还原态 Pt 晶粒的桥式吸收峰较为充分地证明了 Pt 金属晶面的存在。一般 CO 在晶面上通常进行桥式吸附或三重吸附,而在晶体晶粒的棱、角或顶点原子处常形成线式吸附,也就是说桥式吸附代表了催化剂中 Pt 晶面的存在。那么应用到双金属催化剂上,之前提到实验中的双金属催化剂是由两种类型晶粒组成(单质 Pt 晶粒和合金核壳结构大晶粒),如果在双金属催化剂中同时发现 CO 在 Pt 上的桥式吸附,实际上就证明了双金属催化剂中 Pt 晶面的存在。而对于 Pd-Pt 合金中,Pt 晶面的存在就意味着单质 Pt 晶粒的存在,因为富 Pd 晶粒一定是合金大晶粒且表面几乎被 Pd 元素占据,富 Pt 晶粒一般为小晶粒且可融的 Pd 元素量很低,这些 Pd 元素对表面或内部组成不构成显著影响。因此,若在双金属催化剂中发现 CO 在金属 Pt 上的桥式吸收峰,则可认为双金属催化剂存在单质 Pt 晶粒。

就单金属 Pd 催化剂而言,发现其氧化态与还原态的红外吸收峰面积大致相当,氧化仅使得红外吸收峰的主峰位置有所推移,对还原态而言,吸收峰主峰在桥式吸附范围且靠近桥式吸附与线式吸附的界限位置。还原后的 Pd 样品在金属态区间呈现了一个较小的吸收峰,而在氧化态区间几乎没有吸收峰的呈现。对比还原态 Pd 催化剂的桥式吸附与线式吸附可知,CO 在金属表面更适合进行桥式吸附。其实对同一种物质而言,利用 CO 在金属表面的桥式吸附与线式吸附的比例,可准确地推测出该物质的晶粒粒径的变化趋势。另一方面,对氧化态的 Pd 催化剂而言,发现 CO 的桥式吸收峰明显变小,吸收峰的主峰向线式吸附推移且位置处在离子态与金属态的分界线上。与 Pt 氧化后的红外光谱情况不同,Pd 的氧化主要为体相氧化,Pd 晶粒内部可被氧原子逐渐渗透。氧化后的 Pd 催化剂的桥式吸收峰明显减少,这一点与金属 Pt 催化剂被氧化后的情况相似,主要是由于表面氧原子的限制,使得 CO 难以吸附在 Pd 原子表面,造成桥式吸收峰的量快速下降。但与 CO 在金属 Pt 催化剂上吸附不同的是,氧化后的 Pt 出现 CO 桥式吸附与线式吸附同时降低的情况,而 CO 在 Pd 催化剂上的线式吸附却增加了,也就是说存在大量的桥式吸附的 CO 由于氧化作用转而变成了线式吸附。Pd 的氧化削弱了 CO 的吸附却没有完全阻隔 CO 的化学吸附。从图 4.7 中也可看出,Pd 的离子态与金属态的吸收峰都明显加强,说明氧化后的 Pd 催化剂依然存在少量的金属态的表面 Pd 原子,氧削弱了 CO 的吸附但不阻断 CO 在金属原子上的吸附。

表 4.3 总结出了 CO 在金属表面的吸附方式(桥式吸附与线式吸附)、红外吸收峰位置以及所对应的金属价态。首先,CO 在 Pd 原子表面存在三重吸附、桥式吸附和线式吸附。CO 三重吸附主要出现在金属态原子表面,三重吸附需要表面原子向 CO 输出大量能量。CO 在 Pd 元素上的桥式吸附分为 CO 在金属态 Pd^0 原子上的吸附和 CO 在低价态 Pd^+ 原子上的吸附,其中金属态 Pd^0 上的桥式吸附可在面或棱上进行,而低价态 Pd^+ 上的桥式吸附只能在晶面上进行。线式吸附的适用范围较广,不论是在金属态还是氧化态,不论是在表面还是在棱角,均存在 CO 的线式吸附,高价态 Pd^{2+} 只能进行线式吸附。

表 4.3 CO 在金属表面的吸附方式、吸收峰位置以及所对应的金属状态（Dellwig et al., 2000; Kale and Christopher, 2016；Vallejo et al., 2015; Szanyi and Kwak, 2014a; Szanyi and Kwak, 2014b）

波数/cm^{-1}	结构	吸附类型
红外光谱（Pd）		
1895		CO 多重吸附
1940, 1985		CO 桥式吸附
2060, 2080		CO 线式吸附
1970		CO 离子态位点上的桥吸
2110, 2140		CO 离子态位点上的线吸
红外光谱（Pt）		
1820		CO 桥式吸附
2040，2065，2085		CO 在 Pt 端点吸附
2097		CO 在 Pt 面上吸附
2105		CO 在单个 Pt 原子上吸附

CO 在金属 Pt 表面的化学吸附相比于在金属 Pd 表面要弱一些，CO 的吸附主要在金属态或单个 Pt 原子上进行，氧化态的 Pt 原子不利于 CO 的吸附。金属 Pt 表面没有三重吸收峰，桥式吸收峰仅在 1820cm^{-1} 处存在，且仅在面原子上进行吸附，棱角原子不存在桥式吸附。CO 在 Pt 元素上的线式吸附较为普遍，发现在面、棱角等位置的原子上均存在 CO 的线式吸附。

4.2.2 CO 在双金属催化剂氧化态表面的吸附规律

以上是单金属 Pd 和 Pt 催化剂的 CO 吸附方式以及红外吸收峰位置，本小节继续介绍 CO 在反应后的双金属 Pd-Pt 催化剂上的吸附。图 4.8 是 CO 在反应后（氧化态）的双金属 Pd-Pt 和单金属催化剂上的吸附过程，催化反应条件为 1kPa CH$_4$，20kPa O$_2$，N$_2$ 平衡，温度保持在 500℃。反应后的 Pt 晶体晶粒由于表面氧的阻隔，CO 难以在金属表面吸附，故只显示了较低的红外吸收峰。在高氧条件下，主要对比与 Pd 有关的红外吸收峰，与 Pt

有关的红外吸收峰将在还原态催化剂上进行对比。这里所涉及的催化剂中，双金属催化剂和单金属 Pd 催化剂所包含的 Pd 量是相同的，因此对比 Pd 元素的氧化程度随 Pt 元素含量变化而产生的变化关系具有一定参考意义(Pd 元素的氧化程度直接决定了甲烷催化氧化活性)。

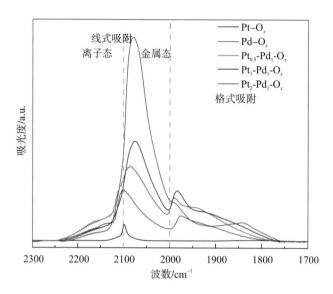

图 4.8　CO 在反应后(氧化态)的双金属 Pd-Pt 和单金属催化剂上的
吸附过程(1kPa CH$_4$ 20kPa O$_2$，N$_2$ 平衡，500℃)

　　图 4.8 中，可以看出随着 Pt 负载量的上升(Pd$_1$Pt$_0$ → Pd$_1$Pt$_2$)，催化剂所对应的红外吸收峰快速增加。当 Pt 元素增多后，根据双金属催化剂模型，一方面，核壳结构晶粒中由于有大量 Pt 供应，核壳结构晶粒不断长大，同时由于晶粒内热力学平衡作用的驱动，更多的 Pd 元素暴露在晶粒表面，为 CO 的吸附提供了更多的吸附位；此外合金晶粒不断生长，使得表面 Pd 原子可以形成更大的 Pd 晶面，大晶面使得 CO 可以多种形态在表面 Pd 原子上进行吸附。另一方面，由于 Pt 的供应增多，载体表面同时会出现大量的小 Pt 晶粒或单原子的 Pt 晶粒。在前文所述中，氧化后的 Pt 晶粒对 CO 的吸附性能被大幅削弱，但依然有一定的吸附能力，随着 Pt 负载量增加，Pt 元素仍然能提供一些红外吸收峰。此外推测当 Pt 晶粒粒径过小的时候(比如单原子晶粒)，可能存在未被氧化的情况，而这些"躲过"氧化的 Pt 晶粒则为 CO 的吸附提供了条件。

　　反应后(氧化态)双金属 Pd-Pt 催化剂的红外吸收峰随 Pt 负载量的增多而变大，但该红外光谱只显示了 CO 吸附的总变化趋势，并不能描述晶粒表面各元素的价态、相对含量等物性参数，下面对双金属 Pd-Pt 催化剂的 CO 红外吸收光谱进行分峰处理(以 Pd$_1$Pt$_{0.5}$ 催化剂为例，另外两种双金属催化剂 Pd$_1$Pt$_1$ 和 Pd$_1$Pt$_2$ 的分峰方法相同，这里不再赘述)，并对应图 4.8 中的吸收峰位置，分析表面元素的氧化规律。图 4.9 为 Pd$_1$Pt$_{0.5}$ 的红外吸收光谱的分峰图谱，研究对象主要为 Pd 元素，蓝色峰代表氧化态，红色峰代表金属态。Pd 氧化态的吸收峰出现在 1970cm^{-1}，2110cm^{-1}，2140cm^{-1} 位置，金属态的吸收峰出现在 1895cm^{-1}，

1940cm^{-1}，1985cm^{-1}，2060cm^{-1}，2080cm^{-1} 等位置。将以上氧化态的吸收峰与金属态的吸收峰分别积分并求和后，可得晶粒表面氧化态与金属态 Pd 元素的相对含量。

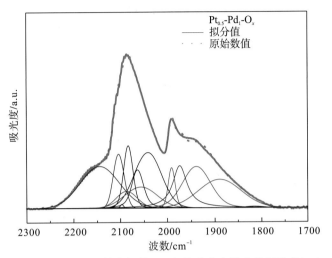

图 4.9　氧化态（反应后）双金属 Pd-Pt 催化剂的 CO 红外吸收光谱分峰图谱（以 Pd1Pt0.5 催化剂为例）

通过分峰，可得到给定催化剂中 Pd 元素的氧化态与金属态的相对含量。图 4.10(a) 以 Pd 元素的氧化态（蓝色三角形标识）与还原态（红色圆形标识）的积分强度为纵坐标，以 Pt 和 Pd 元素的负载比例为横坐标作图，可得 Pd 元素的氧化态与金属态的相对含量随 Pt 元素增长的变化关系。随着 Pt 元素负载量的增加，氧化态 Pd$^{\delta+}$ 原子的相对含量是减少的，而金属态 Pd^0 原子的相对含量是增加的，这意味着随着 Pt 元素负载量的上升，Pd 元素的氧化程度逐渐降低，Pt 元素对 Pd 元素产生了还原作用。未添加 Pt 元素的 Pd 催化剂，金属态 Pd^0 原子的相对含量保持在极低的水平，Pd 元素主要以氧化态的形式存在。

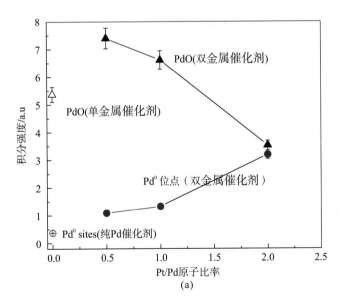

(a)

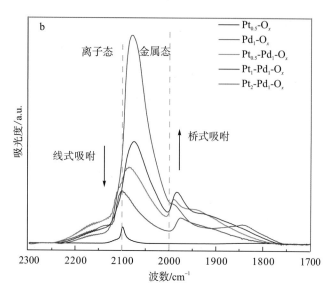

图 4.10　双金属催化剂中 Pd 元素氧化态(反应后)与金属态相对含量随 Pt 元素含量的变化关系

在前文的论述中，认为 Pd 元素的氧化程度直接影响到甲烷催化氧化活性，完全氧化的 Pd 元素可达到最高的催化活性。而在红外光谱的观测中，发现 Pt 元素对 Pd 元素可产生一定的还原作用，这一特性可能导致 Pd 元素在高氧压力下(P_{O_2}>20kPa)的催化氧化活性受到抑制。这里添加 Pt 元素是否会对 Pd 元素的催化活性产生抑制，以及所产生的抑制程度，将在下面的 Pt 和 Pd 催化活性位点区分中进行论述。

4.3　还原态 Pd-Pt 催化剂表面的红外光谱与活性位点区分

4.3.1　CO 在 Pd-Pt 催化剂还原态表面的吸附规律

通过氧化态催化剂的红外光谱分析，发现了 Pt 元素对 Pd 元素的还原作用，下面通过 CO 在还原态催化剂上的吸附，进行位点区分，并获得甲烷在真实催化位点上的反应速率。低氧区域 Pt 承担主要催化作用，Pt 位点为真实催化位点，高氧区域 Pd 承担主要催化作用，Pd 位点为真实催化位点，将反应速率计算在真实催化位点上的反应速率即为真实位点反应速率。催化位点区分在还原态催化剂晶粒表面进行，金属晶粒被还原后，CO 可充分吸附在晶粒表面，不受吸附氧的阻隔，可标定金属表面的位点数量。

在还原态催化剂的红外光谱图中，没有离子态或氧化态的吸收峰出现，线式吸附主要在金属态催化剂上进行。在桥式吸附区域，1985cm^{-1} 和 1820cm^{-1} 分别为 CO 在金属 Pd 上的邻位吸附和金属 Pt 上的邻位吸附的波数，表明催化剂晶粒表面存在 Pd 的晶面和 Pt 的晶面。Pd 晶面的存在是容易理解的，因为核壳结构处理中，大量的 Pd 元素运动至表面，同时也可以从 EDS 中证明合金大晶粒表面由 Pd 元素组成。而对于 Pt 的邻位吸附，CO 在 1820cm^{-1} 位置的桥式吸附，证明在双金属催化剂表面存在 Pt 晶面(CO 仅在 Pt 晶面上存在桥式吸附)，而 Pt-Pd 双金属催化剂中，Pt 晶面只能出现在单质 Pt 晶粒表面，因此 Pt 原子上的桥式吸附佐证了单质 Pt 晶粒的存在。

　　如图 4.11 所示，当 Pt 负载量增加后，CO 在邻位 Pt^0 位点的吸附量同步上升，这意味着有更多的 Pt 晶面在载体表面形成。增加金属 Pt 的负载量一方面可使得已有 Pt 晶粒继续长大，另一方面可形成更多的小晶粒以提供催化反应所需的晶面。此外还可看到 CO 在邻位 Pd^0 位点的吸附量也随 Pt 负载量的上升而升高，因为 Pd 的负载量是保持不变的，所以这里 Pd 晶面的增加主要是 Pt 核的长大，使得合金晶粒粒径变大，变大后的合金晶粒将 Pd 元素以更大的晶面进一步分散在晶粒表面，最终使得 Pd 的 CO 邻位吸附量上升。

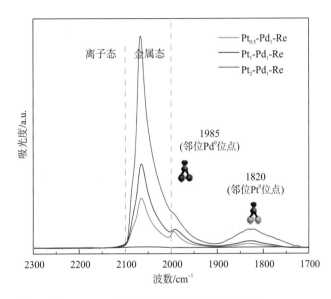

图 4.11　CO 在还原态 Pd-Pt 双金属催化剂上的红外光谱图（$Pd_1Pt_{0.5}$，Pd_1Pt_1，Pd_1Pt_2）

　　以上是 Pt 负载量增加后，CO 在金属表面吸附的红外光谱吸收峰，但上述红外吸收峰并不能将 Pt 和 Pd 所对应的吸收峰区分开，下面对还原态的双金属催化剂的红外吸收峰进行分峰处理，依旧以 $Pd_1Pt_{0.5}$ 催化剂为例，另外两种催化剂的分峰方法相同。图 4.12 为还原态双金属催化剂的分峰结果，这里主要关注邻位 Pt^0 位点和邻位 Pd^0 位点的变化趋势，该趋势可用以判断 Pd 和 Pt 晶面随 Pt 元素负载量的变化关系；同时要对 CO 在 Pt 表面的吸收峰进行积分求和，利用双金属催化剂中 Pt 元素的吸收峰对标单金属 Pt 催化剂中 Pt 表面原子的吸收峰，即可求得双金属催化剂中表面 Pt 元素的含量，进而完成双金属催化剂表面的活性位点区分。

　　图 4.12 中 CO 在 1820cm^{-1} 处桥式吸附在 Pt^0 位点（邻位位点）上，线式吸附在 Pt 面的棱、角处的峰位置是 2040cm^{-1}、2060cm^{-1}、2085cm^{-1}，CO 线式吸附在还原态 Pt 面上的位置是 2097cm^{-1}。最后是 CO 线式吸附在单个 Pt 原子上的红外吸收峰，位置在 2105cm^{-1}。Pt 晶粒不易长大，因此载体表面会散布一些单个的 Pt 原子，这些 Pt 原子可使 CO 在其上着位形成吸附，但不一定适合氧化，也就是说氧化态的 Pt 催化剂，仍可存在少量的 CO 吸附，而这些吸附所对应的红外吸收峰不在氧化态区间。

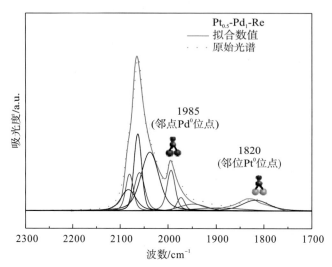

图 4.12　还原态双金属 Pd-Pt 催化剂的 CO 红外吸收峰分峰图（以 Pd$_1$Pt$_{0.5}$ 为例）

　　下面先从 CO 在邻位位点上的吸附介绍，因为在邻位位点上的吸附与吸收峰强度可反映催化剂晶粒晶面大小的变化趋势；然后进行 CO 在全 Pt 位点上吸附的介绍，并进行位点区分。图 4.12 所示的邻位 Pt 位点的吸收峰基本可视作独立的红外吸收峰，可直接反映位点数量与晶面大小，但邻位 Pd^0 位点的吸收峰则需要分峰并进行标定。图 4.13 所示为 CO 在邻位 Pd^0 位点和 Pt^0 位点吸附后所对应的红外吸收峰强度（分峰结果）。随着 Pt 元素负载量的增加，一方面表面 Pt 的邻位位点量随之迅速增加，载体表面的单质 Pt 晶粒的晶面变大；另一方面邻位 Pd 位点的吸附量增大表明双金属催化剂中合金晶粒的粒径增大，合集表面具有更大的 Pd 晶面。

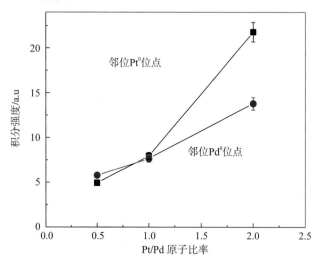

图 4.13　邻位 Pt^0 位点和邻位 Pd^0 位点随 Pt/Pd 比例的变化关系

　　以上是双金属催化剂的红外吸收峰分峰结果以及 CO 在 Pd 和 Pt 两种元素上的邻位吸附情况，接下来利用分峰可获得 CO 在全 Pt 位点上的红外吸收峰强度。下面进行双金属催化剂表面的 Pd 和 Pt 位点的区分处理，基本思路是将活性位点数量与所对应的 CO 红外吸收峰强度所成的数量关系进行对比，最终求得活性位点数量。首先进行单金属 Pt 催化剂上的 CO 红外吸收峰与表面 Pt 位点的数量拟合：实验选取 3 种不同晶粒粒径的 Pt 催化剂，因为所合成的单金属 Pt 催化剂的负载量均为定值(0.917%，质量分数)，故晶粒粒径越大所对应的表面 Pt 位点量越低，更多的 Pt 原子收拢于晶粒内部而不是暴露于晶粒表面。因此可建立 Pt 表面位点量与红外吸收峰强度的对应关系。

图 4.14 所示为 CO 在单金属 Pt 催化剂上吸附所对应的红外吸收峰，3 种单金属 Pt 催化剂的晶粒粒径分别为 2.28nm、3.90nm、6.63nm。随着晶粒粒径的增加，所对应的 CO 红外吸收峰逐渐减小，表面原子量降低，CO 的表面吸附减弱。这里需要关注 Pt 元素的邻位吸附，该形式的化学吸附只在 Pt 晶面上进行。一般的，小晶粒的晶体具有更多的原子暴露在晶粒表面，这些表面原子可组成更多的晶面但每个晶面的面积较小，更多的表面原子则组成了晶体的棱、角部分(不能进行桥式吸附)；而大晶粒的晶体可暴露在晶粒表面的原子较小，但这些表面原子更多地组成了表面的大晶面，组成棱、角部分的原子较少。综上所述，Pt 催化剂若具有较高的 CO 邻位吸附，则必须达到晶面上的原子量更多，而对比图 4.14 的趋势可以得出，小晶粒的催化剂具有更多的 CO 桥式吸收峰，小晶粒催化剂表面具有更多的面原子。

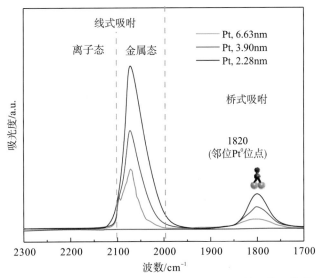

图 4.14　CO 在单金属 Pt 催化剂上吸附所对应的红外吸收峰

(Pt 晶粒粒径分别为 2.28nm、3.90nm、6.63nm)

4.3.2　催化剂表面位点的计算方法及其活性评价

式(4.1)为计算双金属催化剂表面 Pt 位点量的计算方法，双金属催化剂中 Pt 位点的红外吸收峰强度对标单金属 Pt 催化剂的红外吸收峰强度，可计算出表面 Pt 元素的位点量 $\text{Sites}_{\text{Pt}_{\text{surf}},\text{Pt-Pd},X}$ (X 代表 $Pd_1Pt_{0.5}$，Pd_1Pt_1，Pd_1Pt_2)：

$$\text{Sites}_{\text{Pt}_{\text{surf}},\text{Pt-Pd},X} = \frac{I_{\text{Pt}}(\text{Pt}-\text{Pd})}{I_{\text{Pt}}(\text{Pt})} \times \text{Sites}_{\text{Surf}}(\text{Pt}) \qquad (4.1)$$

其中，$I_{\text{Pt}}(\text{Pt-Pd})$ 为双金属催化剂中 Pt 位点的红外吸收峰强度；$I_{\text{Pt}}(\text{Pt})$ 为单金属 Pt 催化

剂的红外吸收峰强度；$\text{Sites}_{\text{Surf}}(\text{Pt})$ 为单金属 Pt 催化剂的表面位点量。

　　为了计算的准确性，将图 4.14 中的 3 种催化剂的表面位点与所对应的红外吸收峰强度拟合，并获得其中的线性规律。图 4.15 所示为单金属 Pt 催化剂表面位点量与 CO 红外吸收峰强度的对应关系，同时以该数量关系为标准，对标双金属催化剂中的 Pt 元素红外吸收峰强度，获得了双金属催化剂的表面 Pt 位点数量。

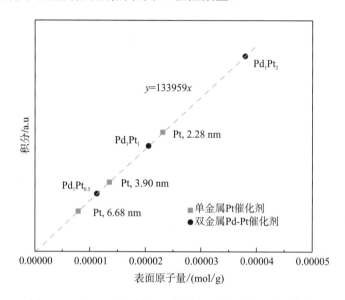

图 4.15　表面位点量与 CO 红外吸收峰强度的对应关系

　　图 4.15 中，大晶粒的单金属 Pt 催化剂具有更少的 Pt 表面位点量和较低的红外吸收峰强度，这与上文的分析一致。对于双金属催化剂而言，红外吸收峰的强度是随 Pt 元素负载量的上升而升高的，这里可理解为 Pt 元素的含量上升，载体表面的单质 Pt 晶粒粒径和晶面面积均不断增大，更多的 Pt 元素一方面提供了更大的晶面，另一方面也提供了更多的晶粒。当然对于双金属催化剂，同时存在一部分 Pt 元素进入到合金晶粒中形成 Pt 核，但从光谱标定的角度看，增多的 Pt 元素也兼顾到了提供更多的表面 Pt 原子。单金属催化剂的表面位点量随晶粒粒径增大而降低，是因为虽然大晶粒提供了较大的晶面，但减少了载体表面的晶粒个数，进而降低了表面总位点量。

　　表 4.4 给出了各催化剂晶粒的红外吸收峰强度以及所对应的单金属 Pt 催化剂表面位点总量和双金属催化剂中位点区分后的表面 Pt 位点量。在计算出双金属催化剂中表面 Pt 的位点量后，可进而计算出表面 Pd 的位点量。因为双金属催化剂表面的全位点是已知的(通过氧的常温化学吸附测得)，同时已计算出表面 Pt 的位点量，那么利用全位点与表面 Pt 位点的差值，可得表面 Pd 的活性位点量。通过表面 Pd 的活性位点量，可将甲烷在高氧压力条件下($P_{\text{O}_2} > 20\text{kPa}$)的催化反应活性(双金属催化剂上的反应)整合到真实表面位点 Pd 活性位点上，进而比较 Pd 元素单个反应位点的反应速率。以下是双金属催化剂表面 Pd 活性位点的计算公式：

$$\text{Sites}_{\text{Pd}_{\text{surf}},\text{Pd-Pt},X} = \text{Total Surf} - \text{Sites}_{\text{Pt}_{\text{surf}},\text{Pt-Pd},X} \tag{4.2}$$

其中，$\text{Sites}_{\text{Pd}_{\text{surf}}, \text{Pd-Pt}, X}$ 表示双金属催化剂中 Pd 的表面位点量；Total Surf 表示双金属催化剂的位点总量。双金属催化剂的各项参数以及位点区分后的结构汇总在表 4.5 中。从表中可知，双金属催化剂中表面 Pt 的位点量随 Pt 元素的增加而增加，但表面 Pt 原子与总 Pt 原子(所负载的总 Pt 原子量)的比值结果维持在 20%～24%，该值将在后文的动力学分析中，用于对比动力学方法进行位点区分的结果。

表 4.4　各催化剂晶粒的红外吸收峰强度以及所对应的催化剂表面位点量

样品	单金属 Pt 催化剂			双金属 Pd-Pt 催化剂		
	Pt(6.63nm)	Pt(3.90nm)	Pt(2.28nm)	$Pd_1Pt_{0.5}$	Pd_1Pt_1	Pd_1Pt_2
$n_{\text{surf Pt}, X}$ (mol/g)	7.88E-06	1.35E-05	2.31E-05	1.12E-05	2.05E-05	3.79E-05
红外光强度(a.u.)	1.05	1.8	3.1	1.50	2.74	5.10

表 4.5　双金属 Pd-Pt 催化剂活性位点区分后的各物性参数

表面原子量	$Pd_1Pt_{0.5}$	Pd_1Pt_1	Pd_1Pt_2
$n_{\text{total,Pd+Pt}}$ (mol/g)	0.000140973	0.000187773	0.000282091
$n_{\text{Pt,total}}$ (mol/g)	4.70054E-05	9.38057E-05	0.000188124
$n_{\text{Pd,total}}$ (mol/g)	9.39673E-05	9.39673E-05	9.39673E-05
分散度	0.156	0.162	0.168
$n_{\text{surf,total}}$ (mol/g)	2.19917E-05	3.04192E-05	4.73914E-05
$n_{\text{surf Pt, norm}, X}$ (mol/g)	1.12165E-05	2.05022E-05	3.78807E-05
$\dfrac{n_{\text{surf Pt, norm}, X}}{n_{\text{total, Pt}}}$ (%)	23.86%	21.86%	20.14%
$n_{\text{surf Pd, norm}, X}$ (mol/g)	1.07752E-05	9.91705E-06	9.51069E-06

通过上述计算，获得了双金属催化剂表面 Pd 元素的位点量，下面将甲烷在高氧压力条件下(P_{O_2} >20kPa)的催化氧化活性归在表面 Pd 位点上，以获得甲烷在双金属催化剂表面 Pd 原子上的反应速率。基本方法为从实验中获得的全反应速率比催化剂表面 Pd 位点量，即可得到 Pd 位点的反应速率。下面利用活化能的测量实验，探讨活性位点归并前后的位点反应速率差异。

图 4.16 所示为甲烷在 Pd-Pt 催化剂上的催化氧化反应曲线，该曲线一般用于测量反应中的活化能。实验在高氧条件下进行，该条件适合甲烷在 Pd 元素上的催化反应，而甲烷在 Pt 表面的氧化反应受到强烈抑制，可忽略不计。实验中，甲烷气体压力控制在 1kPa，氧气压力控制在 20kPa，氮气平衡，总流速为 125mL/min；实验温度经程序升温至 500℃后，催化剂在上述气体压力下持续反应，以达到平衡状态。甲烷催化反应活化能测试在动力学微分条件下进行，温度从 500℃起始，每隔 30 min 进行一次降温，每次降温间隔为 15℃。图 4.16 是以催化反应的一阶速率系数(屏蔽掉甲烷压力对反应的影响)为函数(以对数方式计量)，以温度的倒数为自变量作图，图中直线的斜率即代表所示催化剂的表观活

化能。图 4.16(a)是将全反应速率计算到全活性位点上的计算结果,可以看出通过该计算方法,3 种双金属催化剂的位点反应速率差异巨大,同时出现了催化反应活性随 Pt 负载量增加而快速下降的情况($Pd_1Pt_{0.5}$ 催化剂所对应的位点反应速率最高,其次是 Pd_1Pt_1 催化剂,最后是 Pd_1Pt_2 催化剂)。而相比于单金属 Pd 催化剂,其催化氧化活性仅低于 $Pd_1Pt_{0.5}$,但高于 Pd_1Pt_1 和 Pd_1Pt_2 的催化活性。这种情况的出现会得出 Pt 元素对 Pd 催化剂的催化活性并非完全促进的结论,会对催化剂的设计造成一定的误导。位点区分是解决这一问题的有效途径,(b)图是将(a)图中的甲烷催化反应全位点反应速率归并到单一 Pd 活性位点上的结果,双金属催化剂的位点反应速率实际上是 Pd 位点上的反应速率,其计算方法如下:

$$r_{CH_4,\,norm\,Pd,\,X} = \frac{r_{CH_4,\,Pd+Pt,\,X} \times \text{Total Surf}}{\text{Sites}_{Pd_{surf},\,Pd-Pt,\,X}} \tag{4.3}$$

其中,$r_{CH_4,\,norm\,Pd,\,X}$ 是归并到 Pd 位点上的反应速率;$r_{CH_4,\,Pd+Pt,\,X}$ 是全位点上的反应速率;Total Surf 是通过化学吸附测得的催化剂表面全位点量。

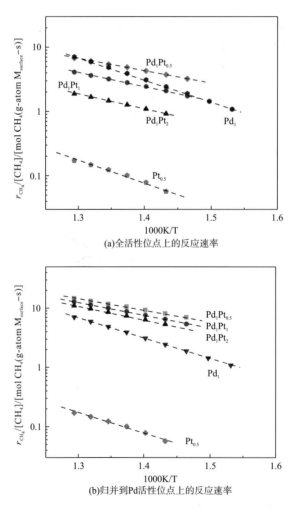

图 4.16　甲烷在 Pd-Pt 催化剂上的催化氧化反应曲线

注:甲烷压力为 1kPa,氧气压力为 20kPa。

　　从图 4.16(b) 中可以看出,经活性位点区分后,3 种催化剂的位点反应速率快速接近,
3 条曲线所对应的位点反应速率整体增大且曲线之间的差异远小于(a)图中所示差异。更
重要的,3 种 Pd-Pt 双金属催化剂的位点反应速率均高于单金属 Pd 催化剂的位点反应速率,
这实际上真正表明了 Pt 元素对 Pd 元素在甲烷催化氧化反应中的促进作用。(b) 图中的促
进作用还需要强调两点,第一点是活化能,图中所示速率曲线的斜率即可决定催化反应中
活化能垒,3 种催化剂在催化反应中的活化能几乎相等,也就是说添加 Pt 元素后(在一定
的范围内),Pt 元素对 Pd 元素具有同等的催化活性促进效果,所显示的催化反应能垒相
同,这一点可理解为对于任意的合金晶粒(Pd 元素的催化作用主要表现在核壳结构的合金
晶粒表面),其元素组成均在一定的范围内变动,而这个元素组成范围将显示相同的催化
反应活性。如果该晶粒的元素组成高于这个范围,根据二元金属相平衡,多余的金属元素
将从合金晶粒内部析出,故不论负载比例怎么调整,二元金属相的组成均保持一致,所表
现的催化反应活性均保持一致。此外,对于活化能垒还存在以下疑问,因为双金属催化剂
的能垒较低而单金属 Pd 催化剂的能垒较高,那么双金属催化剂的活性曲线和单金属催化
剂的活性曲线是否存在位点反应速率随温度升高而交叉的情况,若交叉就再次意味着单金
属 Pd 的催化活性可跟进或高于双金属催化剂的催化活性。首先,即使升高温度,单金属
Pd 催化剂的位点反应速率也不能达到双金属催化剂位点反应速率的水平,因为在不同的
温度区间,催化剂的组成和状态是有差别的,升高温度会改变 Pd 的催化剂氧化状态、晶
粒粒径以及晶面参数,使得 Pd 催化剂的位点反应速率上升速度减慢,双金属催化剂保持
较高的催化反应速率。

　　其次,是位点转化率的差异。从图 4.16(b) 图中可以看出,在 Pd 和 Pt 催化位点区分
后,3 种双金属 Pd-Pt 催化剂的活化能曲线整体上升且差异快速缩小,但是这 3 条曲线并
没有完全重合,依然存在一定的差异,且位点反应速率最高的是 $Pd_1Pt_{0.5}$ 催化剂,其次是
Pd_1Pt_1 催化剂,Pd_1Pt_2 催化剂的活性是三种催化剂中最低的。这里的反应速率差异通常存
在两种解释,一种是合金晶粒粒径对反应活性的影响,另一种是合金中 Pd-Pt 元素的氧化
态对反应活性的影响。对于晶粒粒径而言,一般的,大晶粒催化剂或具有更多大晶面的催
化剂,其面上 Pd 原子的位点转化率更高,而棱、角处的 Pd 原子转化率则要低一些,如
果对于一些超大晶面的 Pd 位点,晶面及晶粒效应或将不会影响位点催化活性。对应到本
书中设计的 3 种 Pd-Pt 催化剂,随着 Pt 负载量的增加,合金晶粒中的 Pt 核将同步增加,
Pd 元素在热力学平衡的作用下向晶粒表面移动且最终形成大晶面,并在甲烷催化氧化反
应的高氧压力条件($P_{O_2} > 20kPa$)承担主要的催化作用。这里 Pt 元素的增加从晶粒粒径的角
度来说会促进 Pd 位点反应速率的增加。对 Pd-Pt 合金晶粒的氧化态而言,发现 Pd 的氧化
程度是随 Pt 负载量的增加而下降的(这从上一节 CO 在 Pd-Pt 氧化态上的红外吸附中可以
证明),而 Pd 位点的催化反应活性是与 Pd 元素的氧化程度成正比关系,因此 Pt 负载量的
上升导致 Pd 氧化程度的下降,进而使得 Pd 位点的催化反应速率降低。综上分析,Pt 负
载量的增加使得双金属催化剂中 Pd 元素的位点反应速率存在一正一反的双向作用,从其
最终的结果来看,这个双向作用使得 3 种催化剂在位点区分后并没有产生较大的差异。

　　以上分析通过晶粒粒径和元素的氧化程度探讨了双金属催化剂表面某一位点转化率

随 Pt 元素负载量增加而产生的变化规律。下面利用 CO 在还原态催化剂上的桥式吸附与线式吸附，介绍双金属催化剂中单质 Pt 晶粒与 Pd-Pt 合金晶粒的粒径大小随 Pt 元素负载量的变化趋势。CO 在还原态 Pt 表面的吸附分为桥式吸附和线式吸附，桥式吸附的位置比较单一，仅在 $1820cm^{-1}$ 处(Pt 晶粒晶面位置)进行，而线式吸附则有较多选择，可发生在 Pt 晶粒的棱、角、晶面等位置处，同时 CO 在单个 Pt 原子表面也可吸附。CO 在 Pt 晶粒上的线式吸附与桥式吸附的比值，则可代表 Pt 晶粒粒径变化的趋势。同理，CO 在 Pd 元素上的线式吸附与桥式吸附的比值，则可代表 Pd 晶粒的粒径变化趋势。CO 在 Pd 元素上的吸附更强烈一些，不仅存在桥式吸附，还存在三重吸附($1895cm^{-1}$、$1940cm^{-1}$、$1985cm^{-1}$)。而线式吸附同样存在更多的选择，在 Pd 晶面的棱、角处，均存在 CO 的线式吸附。在模型设定中认为合金晶粒表面完全被 Pd 元素覆盖，合金表面只显示 Pd 晶面的性质，因此 CO 在 Pd 元素的线式吸附与桥式吸附的比值，可代表合金晶粒的粒径趋势。

图 4.17 所示为 CO 在还原态 Pd-Pt 双金属催化剂表面的线式吸附与桥式吸附的比值。实验添加了单金属 Pt 催化剂(2.28nm)的 CO 吸附的线桥吸比值，和单金属 Pd 催化剂(7.73nm)的 CO 吸附的线桥吸比值，以给与具体的数值来对比双金属催化剂中的单质 Pt 晶粒粒径和合金大晶粒粒径。这里桥式吸附与线式吸附均取 CO 的红外吸收峰积分强度，并予以比较。从图中可知，双金属催化剂中单质 Pt 晶粒的线桥吸附比例随 Pt/Pd 比例的增加而降低，线桥吸附比例越高表明晶粒粒径越小，对比单金属 Pt 催化剂的线桥吸附比例，3 种双金属催化剂所包含的单质 Pt 晶粒粒径均小于单金属 Pt 催化剂的晶粒粒径，其中 Pd_1Pt_2 催化剂的单质 Pt 晶粒粒径最为接近单金属 Pt 催化剂，$Pd_1Pt_{0.5}$ 催化剂的单质 Pt 晶粒粒径最小。原因是 Pd_1Pt_2 催化剂不仅为合金晶粒提供了更多的 Pt 元素，同时也为单质 Pt 晶粒提供了更多的 Pt 元素，最终使得单质 Pt 晶粒的粒径变大。对合金大晶粒而言，3 种双金属 Pd-Pt 催化剂的线桥吸附比例要低于单金属 Pd 催化剂，这意味着双金属催化剂中的合金晶粒粒径要大于单金属 Pd 催化剂。合金晶粒的线桥吸附比例同样随 Pt/Pd 比例的增加而降低，表明合金晶粒粒径随 Pt 元素的负载量增加而增大，这里在 Pt 元素负载量增加后，一部分 Pt 元素注入合金大晶粒中，使得合金晶粒中的 Pt 核不断增大，最终导致

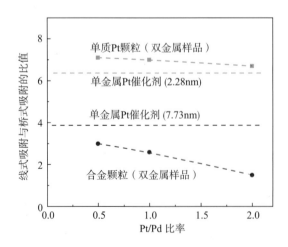

图 4.17　CO 在还原态 Pd-Pt 双金属催化剂表面的线式吸附与桥式吸附的比值

核壳结构的合金晶粒粒径增大。以上是双金属催化剂中单质 Pt 晶粒和核壳结构合金大晶粒的粒径随 Pt 元素负载量的变化关系，红外的分析结果只给出了晶粒变化的趋势以及和相关晶粒粒径的比较，但是红外光谱分析不能直接给出相应晶粒粒径的具体数值（粒径均值），这在后续章节中会利用反应动力学以及结构化学的方法，详细描述双金属催化剂中单质 Pt 晶粒和核壳结构合金大晶粒的粒径变化趋势，并得到相应的粒径均值。

4.4　本　章　小　结

本节描述了甲烷在单金属 Pd、Pt 和双金属 Pd-Pt 催化剂上的催化氧化性能、载体表面的金属晶粒分布与元素组成、核壳结构制作方法及其高催化氧化活性。通过高温氧滴定的方法，利用氧分子在催化剂晶体中的扩散，获得了促使合金晶粒中元素运动的方法，并通过元素运动使得催化剂晶粒表面出现更多的 Pd 元素，以使催化活性上升。

应用红外光谱技术，研究了 CO 在氧化态与还原态 Pd-Pt 催化剂上的吸附过程。通过 CO 在氧化态催化剂上的吸附过程，揭示了 Pd-Pt 双金属催化剂的氧化程度及其随 Pt 元素负载量的变化规律；通过 CO 在还原态催化剂上的吸附，提出了双金属催化剂表面 Pd 和 Pt 活性位点的区分方法，进而将催化剂的全反应速率归并到单一元素活性位点，以显示甲烷在真实位点上的催化反应速率，并利用 Pd 元素的氧化程度，解释了三种双金属催化剂在位点归并后依然不能实现真实位点速率相同的原因；此外，通过 CO 在催化剂表面的桥式吸附与线式吸附的比例，确定了双金属催化剂中的单质 Pt 晶粒和核壳结构合金大晶粒随 Pt 元素负载量的变化趋势。以下是本章小结：

(1) 甲烷在 Pt 元素上的高活性催化氧化反应主要集中在低氧区间（P_{O_2}<1kPa），趋势主要表现为先升高后降低，氧在 Pt 金属表面的吸附对催化反应存在抑制作用；甲烷在 Pd 元素上的催化反应是随氧浓度的升高而升高，完全氧化态的 Pd 元素具有高催化活性。氧分子对 Pd 和 Pt 两种元素的催化氧化反应产生了不同的效果，这主要是因为甲烷在两种金属上的活化方式不同，进而造成金属态适合 Pt 的催化反应而氧化态适合 Pd 的催化反应。

(2) 甲烷在双金属 Pd-Pt 催化剂上的催化氧化反应兼具了金属 Pt 和金属 Pd 二者在甲烷催化氧化反应中的优点。当氧压力低于 1kPa 时，催化反应主要在 Pt 金属上进行；当氧压力高于 1kPa 时，催化反应主要在 Pd 金属上进行，氧压力可将二者的催化反应进行区分。双金属 Pd-Pt 催化剂上的反应需要进行位点归并，若在全位点上计算双金属催化剂的位点转化率，则不能有效反映主要催化位点的催化氧化能力。

(3) 在同样的处理温度下，单金属 Pt 催化剂晶粒生长缓慢，而单金属 Pd 催化剂晶粒粒径快速生长。双金属 Pd-Pt 催化剂的晶粒粒径介于单金属 Pd 和 Pt 催化剂之间，含 Pd 较多的合金晶粒粒径较小，而含 Pt 较多的合金晶粒粒径较大。

(4) 通过高温氧滴定的方法，缓慢将氧分子打入催化剂表面，氧在金属晶粒内部扩散并不断达到热力学稳定；同时 Pd 元素被氧化并不断向表面运动，Pt 元素在热力学平衡驱动下向自由能低的方向运动，最终 Pt 核存于合金晶粒内部。氧高温化学吸附证明 Pd 可以被完全氧化而 Pt 只能存在部分氧化，氧分子可诱使核壳结构成型。

(5) 双金属 Pd-Pt 核壳结构和普通合金结构对甲烷催化氧化活性存在一定的差异。两种结构本质都是合金，且从反应能垒的角度而言，二者催化反应活化能几乎相同，也就是说对于每个 Pd 原子的催化反应活性是相同的。但是核壳结构的催化剂晶粒中，表面原子主要由 Pd 元素组成，而普通合金晶粒的表面原子主要由 Pd 和 Pt 的表面原子共同组成，而又因催化表面的总表面位点量是一定的，因此当 Pt 原子占据表面位点量后，会使得表面 Pd 原子的位点量减少，进而导致总催化活性下降。故 Pd-Pt 核壳结构可以有效地提高甲烷催化氧化性能。

(6) 通过对载体表面一些典型晶粒的元素分析，证明了核壳结构合金晶粒的存在；通过甲烷催化反应在低氧区间（P_{O_2}<1kPa）的催化氧化特性（呈现先上升后下降的曲线特性），同时在 CO 的红外吸附中也看到了 CO 在 Pt 面上才存在 CO 桥式吸收峰，证明了催化表面 Pt 晶面的存在，最后给出双金属催化剂表面具备单质 Pt 晶粒和核壳结构合金大晶粒的模型假设。

(7) 对于 CO 在氧化态催化剂上的化学吸附，通过光谱分峰，发现随着 Pt 元素负载量的增加，双金属催化剂中 Pd 元素的氧化程度逐渐降低，而还原态 Pd 的比例不断上升。在双金属催化剂的活化能曲线分析中，氧化态 Pd 的减少使得 Pd 位点的催化反应速率降低。但 Pt 元素的负载量并不改变合金晶粒的催化反应活化能，三种双金属催化剂的活化能均保持一致。

(8) 对于 CO 在还原态催化剂上的化学吸附，采用光谱分峰的方式，对标单金属 Pt 催化剂中红外吸收峰强度与表面位点量的数量关系，区分了双金属催化剂上的金属 Pd 位点与金属 Pt 位点，并通过对比 CO 的邻位吸附证明了 Pd 晶面与 Pt 晶面的变化趋势。此外，利用 CO 红外吸收峰强度对比了线式吸附与桥式吸附的比例，证明了单质 Pt 晶粒粒径与核壳结构合金大晶粒粒径随 Pt 元素负载量的变化关系，为下文的动力学拟合以及结构化学方法提供了一定的理论。

第 5 章　甲烷催化燃烧反应分区及动力学

本章的研究从甲烷在单金属 Pt 上的催化氧化反应着手展开，通过在不同温度下合成不同晶粒粒径的金属 Pt 晶粒，研究在甲烷催化氧化中，C—H 键在 Pt 表面的活化速率、氧在金属表面的解离程度，以及反应活性与金属 Pt 晶粒粒径的对应关系。第 4 章的后半部分内容利用傅里叶红外光谱的方法，研究 CO 在氧化态双金属催化剂表面的吸附，探讨了 Pt 元素对 Pd 元素产生的还原特性，并预测了 Pd 位点反应速率的下降；利用 CO 在还原态双金属催化剂表面的吸附实验进行了 Pd 位点和 Pt 位点的区分，并将反应速率归并在真实反应位点上以对比 Pt 元素对表面 Pd 元素催化氧化能力的影响。此外通过 CO 在催化剂表面的线式吸附与桥式吸附的比值，可推测双金属催化剂中单质晶粒和核壳结构合金晶粒粒径随 Pt 元素负载量变化的变化趋势。

傅里叶红外光谱方法虽可以进行 Pd 和 Pt 元素的位点区分，但该方法依旧不能对双金属催化剂中单质 Pt 晶粒和核壳结构合金大晶粒做更为深入的分析，例如单质 Pt 晶粒的粒径均值、表面分散度、核壳结构合金晶粒的粒径均值、Pd 和 Pt 元素之间的比例、Pd/Pt 值变化所引起的合金晶粒粒径变化趋势、合金晶粒粒径均值对催化反应中位点反应速率的影响等问题。本章引入反应动力学以及结构化学等相关方法，通过甲烷在金属表面的催化氧化反应，标定 Pd、Pt 在载体表面负载后，各种晶粒在载体表面的成核与结晶过程，并对相关问题做深入探讨。

5.1　甲烷在 Pt 催化剂上的催化反应分区

5.1.1　甲烷在单金属 Pt 催化剂上的反应特性

本节研究将甲烷放在 3 种不同晶粒粒径的金属 Pt 表面进行催化氧化，不同粒径 Pt 晶粒的制作条件如下表 5.1 所示，烘干后的 Pt 晶粒先进行基础焙烧，400℃下在空气中焙烧 8h；然后取 1g 样品，放置于化学吸附反应器中，再次进行焙烧与还原处理。这里将焙烧与还原条件设置为同一温度，同样在空气中进行，在给定温度下处理 5h；之后氮气气氛吹扫 30min，进而用氢气还原 2h。还原后的样品在高温抽真空后，先降至常温，然后运行吸附程序进行测量。化学吸附所使用的探针分子为氧分子。

本节中金属 Pt 的负载量为 0.917%，该值通过金属 Pt 与金属 Pd 的对应关系予以确定。平均粒径通过化学吸附与半球模型予以确定。随着处理温度的升高，在表 5.1 中，可以看到金属 Pt 的表面分散度不断降低，金属簇表面原子数量减少而内部原子数量增多，金属晶粒的粒径不断提高。当金属的处理温度升高后，金属晶粒在熔融态的作用下聚团并形成大晶粒，故高温可提高晶粒粒径(Rades et al., 1994; Yu et al., 2017)。

表 5.1　金属 Pt 催化剂制作条件与晶粒粒径

样品	Pt 元素负载量	催化剂处理温度/℃	晶粒表面分散度*/%	晶粒平均粒径值/nm
Pt/Al$_2$O$_3$	Pt: 0.917%	C600-R600	0.491	2.28
		C650-R650	0.287	3.90
		C700-R700	0.168	6.68

* 氧分子为检测所使用的探针分子。

　　图 5.1 展示了处理温度与金属 Pt 晶粒粒径的数量关系。这里利用乘幂拟合该数量关系。由图可知，金属 Pt 在 600～700℃的温度范围内快速生长，该元素所形成晶粒在 600℃以下长期保持晶粒粒径低于 2nm 的小晶粒状态。当处理温度高于 700℃后，Pt 的晶粒粒径继续生长。

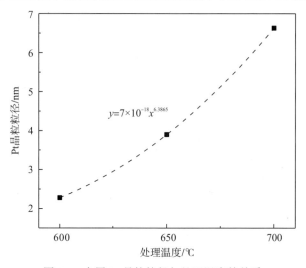

图 5.1　金属 Pt 晶粒粒径与处理温度的关系
注：600℃、650℃、700℃；空气条件下焙烧，氢气气氛下还原，焙烧与还原温度相同。

　　在上述 3 种金属 Pt 晶粒中，大晶粒因具有更大的 Pt 原子面，而使其晶面平均自由度降低。一般来说，金属原子对外输出的键能是一定的，键能守恒理论认为晶面上的原子因和其周围金属原子成键较多，而使得该类原子(在多相催化反应中)对气相分子所输出的键能较低；另一方面，晶粒中棱角部分的原子，因其与周围金属原子的成键较少，该类金属原子对气相分子的输出键能较强，从而产生对气相分子的束缚，从而降低气相分子进行催化反应所具有的化学势。故催化剂晶粒大小对反应活性存在一定的影响。

　　对催化金属晶粒而言，大的催化金属面固然降低了金属元素对气相分子的束缚，但若要真正提高催化活性，还需气相分子在金属活性位点的解离、成键、脱附等步骤。故晶粒粒径与甲烷催化活性之间还存在多种综合效应，在接下来的研究中，会对催化反应中的晶粒相关与无关性进行更加详细地研究与探讨。

　　图 5.2 展示甲烷在单金属 Pt 催化剂上催化反应的一般规律。实验中，催化反应系统以 5℃/min 在氮气气氛下升至 500℃，然后切换至氢气条件，还原 30min，最后通入起始反应状态下的反应气体。最终系统进入新制催化剂失活阶段，当失活结束后，即可进行反应并测量数据。

反应程序进行后，系统将氧分压从低到高依次递增，金属 Pt 的催化活性呈现出先增加后减少的趋势，在 0～0.5kPa 的范围内呈现峰值效应。当氧分压继续增大，在区间 C 中，甲烷催化活性保持在较低水平的稳定状态。反应中，气体总流速设定为 125mL/min，甲烷和氧气流量值以该气体的分压比例予以确定，氮气平衡，反应系统设定为常压，流量计出口温度为常温 25℃。

实验中甲烷催化氧化反应在动力学微分条件下进行，为了保持反应腔内的微分条件，将甲烷转化率控制在 5% 以下；同时，因为金属 Pt 在低氧条件下对甲烷有极高的催化活性，故反应中氧转化率同样会升至较高水平。这里将氧转化率控制在 80% 以内，以避免氧气被全消耗或是重整反应的发生而产生对催化氧化活性测量的影响。

因为实验中气体总流速或气体分压都为定值，故控制气体转化率水平的方法一般是将催化剂进行稀释，分为颗粒内稀释与颗粒外稀释。催化剂颗粒内稀释是将负载后的催化剂与二氧化硅粉末以一定的质量比例混合，研磨稀释后造粒，以制作颗粒内稀释所用的催化剂。颗粒外稀释是将颗粒内稀释后的催化剂与二氧化硅颗粒直接混合，然后装入反应管内。实验是将金属 Pt 催化剂，颗粒内稀释至 300 倍，颗粒外稀释至 100 倍，然后参与反应。

从图 5.2 的 (a) 与 (b) 中可以看出，金属 Pt 更适合在低氧条件下进行甲烷催化氧化反应。低氧条件下，Pt 晶粒表面呈现金属状态 [*-*，区间 A(Pt)] 或部分氧化状态 [O*-*，区间 B(Pt)]，这两种状态的共同点是催化表面都有金属活性位点暴露在气相物质中。高氧压力条件下，催化剂表面原子全部被氧覆盖，C—H 在 Pt 原子上解离困难，使得该条件下的甲烷催化活性下降，即氧对 Pt 的催化具有一定的抑制作用。从图 5.2(c) 中可以看出，当氧浓度逐渐升高后，氧转化率快速下降，这一方面是由于氧浓度上升，另一方面是因为催化活性下降，导致氧转化率下降。同时从氧转化率曲线可以看出，氧压力较低时维持了较高的转化率，而高氧压力下转化率较低，这里氧转化率真实地反映了在甲烷催化氧化过程中催化活性状况。此外对比上述两条曲线，可以看到高甲烷分压可导致较高的氧转化率，这是因为在同一氧分压条件下，高甲烷分压使得甲烷催化活性更高，从而使得反应中的氧消耗上升。

需要强调的是，本章的催化反应是在单金属 Pt 催化剂上进行，对甲烷的催化反应区间标识为区间 A(Pt)，区间 B(Pt) 和区间 C(Pt)。下文对单金属 Pd 催化剂的论述中有区间 A(Pd) 和区间 B(Pd) 的反应区间标识，对双金属催化剂的标识有区间 A(Pd-Pt)、区间 B(Pd-Pt) 和区间 C(Pd-Pt)。

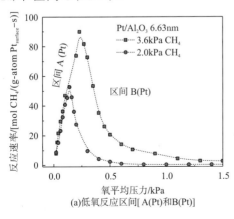

(a)低氧反应区间[A(Pt)和B(Pt)]

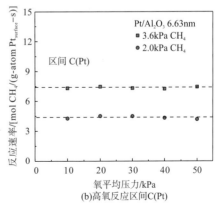

(b)高氧反应区间C(Pt)

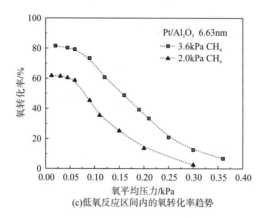

图 5.2　甲烷在 Pt/Al₂O₃(6.63nm) 催化剂上的催化氧化反应

注：甲烷分压 2.0kPa 和 3.6kPa，气体总流速 100mL/min，500℃，氮气平衡。

从图 5.2 中可以看到，不同甲烷分压下，金属 Pt 催化剂会产生不同的催化活性。而在图 5.3 中，对比图中两个条件下 (3.6kPa 和 2.0kPa) 甲烷分压所产生的催化活性，可以看出高甲烷分压可催化出较高的反应活性，而低甲烷分压所产生的催化活性较低。这里金属 Pt 催化剂的晶粒粒径为 6nm，为了使催化反应本征动力学不受反应物气体压力的影响，将横坐标调整为气体分压的比值 (O₂/CH₄)，纵坐标调整为一阶速率系数，即甲烷在金属 Pt 催化活性位点上的催化氧化转化率与气体分压的比值。

图 5.3 中，金属 Pt 对甲烷催化氧化反应主要集中在 O₂/CH₄ 比值小于 0.5 的范围内。将上升的区间定义为区间 A(Pt)，下降的区间定义为区间 B(Pt)，而活性不变的区间定义为区间 C(Pt)。区间 A(Pt) 实际上为在甲烷吹扫下，催化活性位呈现金属态的反应区间 (*-*)；区间 B(Pt) 为催化位点表面部分被氧化、部分呈现金属态的反应区间 (O*-*)，而区间 C(Pt) 为金属表面完全被表面吸附氧覆盖的催化反应区间，该反应区间催化活性很大程度被表面吸附氧抑制，因此对比低氧阶段的反应，该区间活性极低。

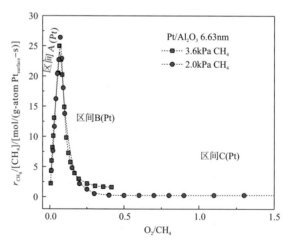

图 5.3　甲烷催化氧化中一阶速率系数 ($r_{CH_4}/[CH_4]$) 与氧烷比 (O₂/CH₄) 的数量关系

(Pt 晶粒 6.63nm，甲烷分压 2.0kPa 和 3.6kPa，气体总流速 100mL/min，500℃，氮气平衡)

另外从图 5.3 中还可以看出，将反应物分压屏蔽掉后，上述两个分压下的甲烷催化反应曲线几乎重合在一起，表明屏蔽气体分压后，催化反应的本征动力学表现出一致性，不受其他因素干扰。

5.1.2　甲烷在 Pt 催化剂氧全覆盖区间 C(Pt) 上的催化反应

下面将对金属 Pt 的 3 个反应区间依次进行探讨，以揭示催化活性位点、催化剂结构与催化反应活性 3 者之间的关系。

图 5.4 展示了甲烷分压对甲烷催化氧化活性的影响。该反应在氧分压充足条件下进行（$O_2/CH_4 > 2$），氧气分压设定为 10kPa、15kPa、20kPa。催化剂的平衡过程在 0.5kPa 甲烷分压和 10kPa 氧气分压下进行。从图中可以看到，随着甲烷分压的上升，催化反应的反应速率以线性关系同步提升，同时各催化反应的速率值几乎都落到同一线性关系上，不受氧分压的影响。这里可以看到，催化反应在氧全覆盖区间 C(Pt) 中，由于金属活性位点已被表面氧全部覆盖，故增加氧分压对反应没有影响；而另一方面，增加甲烷分压可提升催化反应的反应速率。这是由于甲烷分压增加后，甲烷分子与催化剂表面活性位点的碰撞次数随之增加，其反应概率增大，致使其最终反应活性上升。

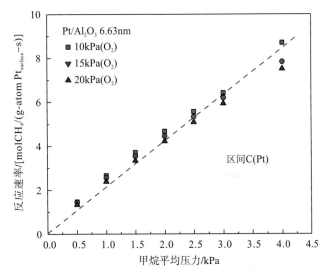

图 5.4　甲烷在 Pt 催化剂氧全覆盖区间（区间 C(Pt)）上的催化反应活性（Pt 晶粒 6.63nm，甲烷分压 0～5kPa，氧气分压 10kPa、15kPa、20kPa，气体总流速 100mL/min，500℃，氮气平衡）

对甲烷在氧全覆盖反应区间 C(Pt) 的表面催化氧化的基元反应步骤，从金属 Pt 表面的静平衡过程开始描述。这里定义催化剂表面的两个过程：静平衡和准稳态。当金属表面活性位点只有物质的吸附和解离，并形成动态平衡的条件下，则认为气相物质在催化剂表面达到静平衡过程；当金属表面活性位点存在气相物质的反应时，该条件下的平衡过程则认为达到准稳态。

在静平衡条件下，氧在金属表面的吸附平衡可描述为

$$O_2 + * \rightleftharpoons O_2^* \qquad k_{O_1f}, \ k_{O_1r}, \ K_{O_1} \tag{5.1}$$

$$O_2^* + * \rightleftharpoons 2O^* \qquad k_{O_2f}, \ k_{O_2r}, \ K_{O_2} \tag{5.2}$$

其中，*表示表面吸附位点；O^*表示表面吸附氧分子，式(5.1)为氧气在金属活性位点上的吸附；k_{O_1f}为氧气在金属活性位点的正向吸附速率；k_{O_1r}为氧气在金属活性位点的逆向吸附速率；K_{O_1}为氧气在金属活性位点上的吸附平衡常数。式(5.2)为吸附氧在金属活性位点上的解离，其中k_{O_2f}为吸附氧正向解离速率，k_{O_2r}为吸附氧逆向解离速率，K_{O_2}为吸附氧解离平衡常数。

在静平衡条件下，将式(5.1)和式(5.2)消去表面吸附氧分子，可得到该条件下的表面氧覆盖率(equilbrium)：

$$\left(O^* \big/ * \right)_{eq} = \sqrt{K_{O_1} K_{O_2} \langle O_2 \rangle} \tag{5.3}$$

从式(5.3)可以看到，静平衡条件下的表面氧覆盖率与氧分压成正比关系。同时当K_{O_1}与K_{O_2}越大，氧覆盖率越高。

另一方面，水蒸气不管是作为产物或原料，都常常存在于催化反应的原料气中。这里同样对水蒸气在催化表面的吸附静平衡过程予以描述：

$$2OH^* \rightleftharpoons H_2O^* + O^* \qquad K_{OH^*} \tag{5.4}$$

$$H_2O^* \rightleftharpoons H_2O^* + * \qquad K_{H_2O} \tag{5.5}$$

其中，OH^*为表面吸附羟基；H_2O^*为表面吸附性水分子；K_{OH^*}为羟基吸附平衡常数；K_{H_2O}为水分子吸附平衡常数。同样，将式(5.4)、式(5.5)中的不可测量参数表面吸附性水分子消去，可得在水氧全覆盖条件下的静平衡过程中的表面羟基吸附覆盖率：

$$\left(OH^* \big/ * \right)_{eq} = \sqrt{\frac{\sqrt{K_{O_1} K_{O_2} \langle O_2 \rangle}}{K_{OH^*} K_{H_2O}} \langle H_2O \rangle} \tag{5.6}$$

可以看出，羟基的吸附覆盖率是由氧分压与水蒸气分压共同决定的，当氧分压高时，表面吸附氧的覆盖率高，进而使得水分子在金属表面更易于被解离成吸附性羟基。故对该条件下的静平衡而言，氧全覆盖表面有利于水分子的吸附与解离，并形成羟基。

羟基的形成实际上对甲烷催化氧化活性会产生一定的抑制作用。一方面，羟基对甲烷催化氧化的活性位点有一定的吸附作用，另一方面，水氧结合所形成的羟基实际上削弱了Pt表面氧化物的氧化能力，从而使得表面催化反应中的氧化反应受到削弱，降低了甲烷催化氧化活性。

当反应原料气中通入甲烷后，催化金属表面不仅存在气相物质的吸附平衡，同时存在物质间的活化、成键与脱附。那么对于反应条件下的动力学特性，研究从其准稳态过程切入。在氧全覆盖条件下，甲烷在金属Pt催化表面的反应过程可描述为

$$CH_4 + O^* + O^* \longrightarrow CH_3O^* + OH^* \qquad k_{O^*-O^*} \tag{5.7}$$

该反应由于其逆反应进程相当微弱，故可认为该反应由正向反应主导，其反应速率常数为$k_{O^*-O^*}$。同样，可计算在反应条件下的平衡过程中，其表面氧的吸附覆盖率为

$$\left(\frac{O^*}{*}\right)_{ss} = \sqrt{\frac{K_{O_1} k_{O_2f} \langle O_2 \rangle}{2k_{O^* \cdot O^*} \langle CH_4 \rangle + k_{O_2r}}} = \sqrt{K_{O_1} K_{O_2} \langle O_2 \rangle_v} \tag{5.8}$$

准稳态条件下(steady state)，表面氧覆盖率与氧气的解离速率成正比，与甲烷的消耗速率成反比。当甲烷的消耗速率极低时，表面氧的覆盖率由氧分压决定，此时氧的表面覆盖率与静平衡条件下的氧覆盖率几乎相同。当甲烷的消耗速率远大于氧的解离速率时，甲烷对表面氧覆盖率的影响将不可忽视。这里引入氧虚压的概念，即在反应条件下氧对金属表面所提供的用于反应或物质吸附与解离的压力。当在金属表面的催化反应很弱的条件下，氧的真实压力即为氧虚压，此时准稳态和静平衡的表面氧覆盖率几乎保持一致，这也是甲烷在氧全覆盖区间 C(Pt)的表面氧覆盖率的基本描述，该区间不再随氧压力变化而产生变化。

为了进一步验证该条件下氧的基本动作过程，引入同位素动力学分析(^{16}O 和 ^{18}O)。当 ^{16}O 和 ^{18}O 共存于金属 Pt 表面并相互交换的时候，因没有甲烷的催化氧化反应进行，氧及其同位素处于吸附、成键、解离的动态平衡中，可认为该条件下气相分子处于静平衡状态。当原料气体中通入甲烷后，催化剂表面逐渐达到吸附与反应的平衡，反应系统进入准稳态过程。氧分子及其同位素在金属表面的交换过程可描述为

$$^{16}O_2^* + {}^{18}O^* \longrightarrow {}^{16}O^* + {}^{16}O^{18}O^* \quad k_{ex,f}, \ k_{ex,r} \tag{5.9}$$

其中，$k_{ex,f}$ 和 $k_{ex,r}$ 分别为氧气及其同位素之间的正交换速率常数和逆向交换速率常数。那么氧气在金属表面的交换速率可表达为

$$r_{ex,eq} = \frac{2k_{ex,f}\left({}^{16}O_2^*\right)\left({}^{18}O^*\right)}{L^2} = \frac{0.5k_{ex,f}K_{O_1}{}^{1.5}K_{O_2}{}^{0.5}\langle O_2 \rangle^{1.5}}{\left[1 + 2\sqrt{K_{O_1}K_{O_2}\langle O_2 \rangle} + 2K_{O_1}\langle O_2 \rangle\right]^2} \tag{5.10}$$

式(5.10)中同样认为该交换属不可逆过程，交换速率与正交换速率、表面吸附氧气、表面吸附氧成正比关系。另一方面，在准稳态条件下，甲烷催化氧化反应对金属表面的氧气吸附静平衡会产生一定的吹扫作用，即产生平衡的移动并改变氧气同位素间的交换速率。下面对两种不同粒径的 Pt 晶粒在静平衡与准稳态两种条件下的同位素交换速率做实验分析。

如图 5.5 所示，实验设定了两种晶粒粒径的金属 Pt 晶粒，其粒径分别为 2.28nm 和 6.63nm。其合成条件如表 5.1 所示，600℃合成小晶粒，700℃合成大晶粒。甲烷分压保持 0.2kPa，氧气分压由 1kPa 不断递增，这里认为氧气分压处于充足状态，同时 $O_2/CH_4 > 2$，金属表面被氧完全覆盖。

在同一金属晶粒上(粒径大小一致的情况下)，从图 5.5 可以看到，其静平衡与准稳态过程都呈现了相同的氧同位素交换速率，即甲烷在金属表面的吹扫与反应并不影响氧气在金属表面的交换速率，也表明在氧全覆盖区间，甲烷不影响氧气在金属表面的覆盖率。另一方面，对比两种粒径下的氧交换速率，大晶粒表面的氧同位素交换速率快，而小晶粒表面的同位素交换速率慢，这里主要是因为大晶粒具有较多的表面原子和较少的点、线原子，面原子催化位点由于向气相分子输出的配位键更少，该部分原子对气相分子的束缚性更低，解离与反应后的氧原子易脱离，故大晶粒上的氧交换速率更快。同时也可以看到，氧

分压的变化对氧交换速率几乎无影响，这也是因为氧达到高覆盖条件后，氧分压不再影响金属表面的氧交换速率。

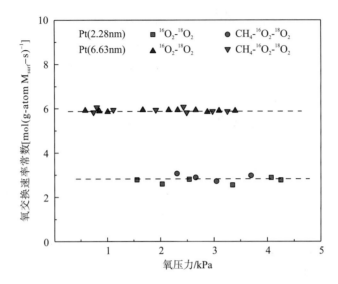

图 5.5　氧同位素在金属 Pt 上的静平衡与准稳态条件下的交换速率系数

注：Pt 晶粒粒径 2.28nm 和 6.63nm；反应温度 500℃；甲烷分压 0.2kPa，$O_2/CH_4 > 2$；

总流速 125mL/min；晶粒与床层间稀释达到 5000 倍。

对于氧在金属表面交换的静平衡与准稳态过程，其交换速率比值可由氧分压表示：

$$\frac{r_{ex,ss}}{r_{ex,eq}} = \sqrt{\frac{\langle O_2 \rangle_v}{\langle O_2 \rangle}} = \sqrt{\frac{k_{O_2f}}{\left[2k_{O^*-O^*}\langle CH_4 \rangle + k_{O_2r}\right]K_{O_2}}} \tag{5.11}$$

其中，$\langle O_2 \rangle_v$ 表示在甲烷催化氧化条件下的氧虚压；$k_{O^*-O^*}$ 为氧全覆盖条件下甲烷正向反应速率常数。当甲烷消耗的表面氧远远小于氧气逆向解吸附速率时，即 $k_{O_2r} \gg 2k_{O^*-O^*}\langle CH_4 \rangle$，式(5.11)可表达为

$$\frac{r_{ex,ss}}{r_{ex,eq}} \to 1 \tag{5.12}$$

此时，准稳态与静平衡过程一致，根据图 5.5，可知在氧全覆盖区间 C(Pt)氧气的消耗主要由逆向脱附过程完成，甲烷消耗量可忽略不计。

5.1.3　甲烷在 Pt 催化剂氧部分覆盖区间 B(Pt)上的催化反应

上一节论述了甲烷在 Pt 氧全覆盖区间上的催化氧化反应，该区间氧分压较高，金属表面被氧完全覆盖，反应速率受甲烷压力控制。本节继续降低氧分压，使金属 Pt 表面在甲烷的吹扫作用下，活性位点呈现金属位点与吸附性氧位点共存的反应表面，其反应的一般特性如图 5.2(a)所示。

该类位点上的反应主要呈现出氧分压降低，甲烷反应活性快速上升的趋势，这里金属位点更有利于甲烷 C—H 键的活化。那么在反应区间 B(Pt)，准稳态条件下的反应步骤可

描述为

$$CH_4 + O^* + ^* \longrightarrow CH_3^* + OH^* \qquad k_{O^*-^*} \tag{5.13}$$

这里 $k_{O^*-^*}$ 为催化反应速率常数，$O^* + ^*$ 为催化反应活性位点。式(5.13)中的位点消耗速率可描述为

$$r_{O^*-^*} = k_{O^*-^*}\langle CH_4\rangle\langle O^*\rangle\langle ^*\rangle \Big/ L^2 = \frac{2k_{O_2 f}K_{O_1}\langle O_2\rangle}{\left[1 + \dfrac{k_{O_2 f}K_{O_1}\langle O_2\rangle}{2k_{O^*-^*}\langle CH_4\rangle}\right]^2} \tag{5.14}$$

这里将研究的重点放在当反应开始进入区间 B(Pt) 的这个阶段，该条件下氧的解离速率远大于甲烷催化反应对表面氧的消耗，即 $\dfrac{k_{O_2 f}K_{O_1}\langle O_2\rangle}{2k_{O^*-^*}\langle CH_4\rangle} \gg 1$，那么此时的反应速率可表达为

$$r_{O^*-^*} = \left(\frac{2k_{O^*-^*}^2}{k_{O_2 f}K_{O_1}}\right)\cdot\left(\frac{\langle CH_4\rangle^2}{\langle O_2\rangle}\right) \Rightarrow \frac{r_{O^*-^*}}{\langle CH_4\rangle} = k_2\left(\frac{\langle CH_4\rangle}{\langle O_2\rangle}\right) \tag{5.15}$$

这里将 $\dfrac{r_{O^*-^*}}{\langle CH_4\rangle}$ 比值称为一阶反应速率系数，k_2 为甲烷催化反应在区间 B (Pt)的速率常数，该值可通过线性关系获得。在区间 B 内，将该区间内的甲烷反应活性以上述坐标作图，可得图 5.6。

图 5.6 显示了 CH_4 和 CD_4 在金属 Pt 表面的反应同位素动力学的差异性，其中该图的数量关系依据式(5.15)来量化：自变量为 CH_4/O_2，因变量为甲烷催化反应一阶速率系数。从图中可以看出，该区间的 CH_4-O_2 和 CD_4-O_2 反应都具有良好的线性关系。对比上述两种反应，可以看出二者的同位素效应有明显差异。轻核 CH_4-O_2 的反应速率要快于重核 CD_4-O_2 的反应速率，其原因主要在于 C—H 键的活化壁垒。一般的，C—H 键中氢核的质量较小，此时 C—H 键的活化更为容易，而 C-D 键中的氢由于含有额外中子，使得氘核的质量快速增大，此时 C-D 键的活化能垒增大，反应不易进行。

上一节中同样对氧的同位素进行了分析，从其交换速率中可以看出该元素的同位素（^{16}O 和 ^{18}O）在金属表面活化时并没有明显的同位素差异。这是因为氧元素的原子核相对较重，增加中子并没有使 ^{16}O 的质量相对于 ^{18}O 出现明显变化。这与氢及其同位素有明显不同，氢核相对于其同位素而言，质量出现了成倍变化，故导致该元素所形成的 C—H 键的反应能力也产生明显差异。因此在同位素质量存在明显差异的情况下存在反应差异较明显的同位素效应，反之同位素效应不明显(Chin et al., 2011; Cheung et al., 2010; Ettwig et al., 2010; Banerjee et al., 2015; Sivan et al., 2014)。

图 5.6 显示了 C—H 键和 C—D 键两种化学键催化氧化时的活性差异。质量较低的氢核反应活性明显更高，而质量较重的氘核，反应活性较低。此外二者都存在动力学区间 B(Pt)的所具有的线性关系。

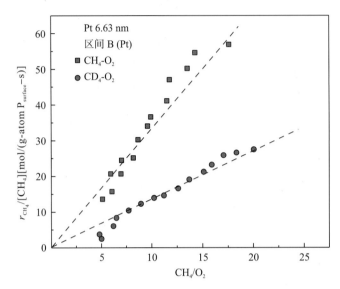

图 5.6　甲烷在金属 Pt 表面的催化反应同位素动力学：一阶反应速率系数 vs CH$_4$/O$_2$

注：6.63nm Pt 晶粒，CH$_4$-O$_2$ 和 CD$_4$-O$_2$，500℃，区间 B（Pt）。

在氧部分覆盖反应区间 B（Pt），甲烷催化氧化活性由甲烷分压和氧气分压共同控制，C—H 键的活化在催化反应中发挥重要作用。在 C—H 键的活化过程中发现了金属 Pt 晶粒粒径大小对甲烷催化氧化的影响。当 Pt 晶粒表面处于被吸附氧半覆盖的条件下，甲烷中的核心 C 原子易直接吸附并解离在 Pt 原子表面；而表面 Pt 原子可向甲烷中心 C 原子所输出的键能，直接影响了该区间内甲烷催化氧化活性。

通常情况下，每个表面 Pt 原子都会受到其周围原子的制约，每个 Pt 原子都向其周围原子输出化学键，并降低自由度。当所负载 Pt 原子形成较小晶粒时，该晶粒表面的棱角 Pt 原子相对较多，面上的 Pt 原子较少。这里棱角表面 Pt 原子由于向周围 Pt 原子输出的化学键少，则其对气相分子中的甲烷会产生较强的约束力，使得甲烷在解离、活化、脱离等一系列反应过程中受到较强限制。而表面 Pt 原子由于对周围原子输出较多的化学键，根据键能守恒理论，面上 Pt 原子对甲烷等气相分子所输出的化学键键能降低，此时面上 Pt 原子对甲烷催化氧化的限制减少，相比于小晶粒表面上的 Pt 原子催化氧化性能，大晶粒 Pt 催化剂具有更高的催化活性。

图 5.7 显示了不同晶粒粒径下的金属 Pt 晶粒对甲烷催化氧化活性的相关性。实验给出了三种不同粒径的 Pt 晶粒，它们的合成温度如表 3.1 所示。从 550℃至 650℃，温度升高，所合成的晶粒粒径越大，高温使得熔融态的 Pt 晶粒更易聚集并生长为大晶粒。从图 5.7(a) 中可以看出，大晶粒具有更高的催化反应活性，而小晶粒的催化活性较低。

在氧部分覆盖反应区间 B（Pt）催化反应曲线未出现重合现象，大晶粒的催化反应曲线整体高于小晶粒，且反应活性与 O$_2$/CH$_4$ 成反比关系。这里晶粒粒径对反应活性产生影响，称之为催化反应晶粒相关性，而相关性的度量用区间 B（Pt）的速率常数予以表示，如图 5.7(b) 所示。(b) 图中同样可看到，大晶粒具有更高的催化活性，同时其速率常数也越大；随着晶粒粒径的减小，该区间的速率常数依次降低（该区间的速率常数由式 (5.15) 拟合而得，其值与甲烷分压二次方成正比，与氧分压成反比）。对该区间的晶粒相关性，实验可通过晶粒粒径与其速率常数来拟合线性关系，如图 5.8 所示。

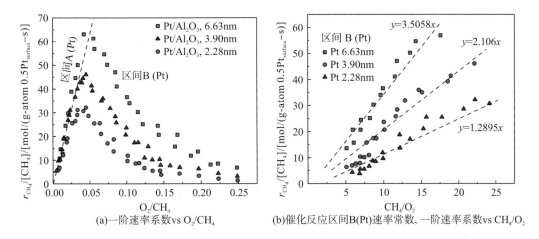

(a)一阶速率系数 vs O_2/CH_4　　　　　(b)催化反应区间B(Pt)速率常数, 一阶速率系数 vs CH_4/O_2

图 5.7　不同晶粒粒径下的金属 Pt 晶体颗粒对甲烷催化氧化活性的相关性

注：Pt 晶体颗粒粒径：2.28nm，3.90nm，6.63nm。

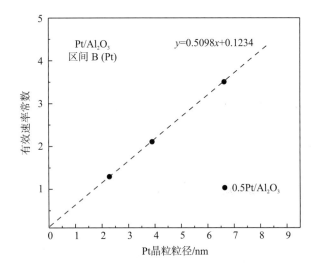

图 5.8　甲烷在金属 Pt 表面催化氧化反应相关性：有效速率常数与金属 Pt 催化剂晶粒粒径的关系
［氧部分覆盖反应区间 B(Pt)］

　　图 5.8 展示了甲烷在不同粒径 Pt 催化剂上的甲烷催化氧化活性对 Pt 晶粒粒径的线性关系。图中数量关系具有较好的线性度，且几乎过原点，即晶粒粒径越小时，速率常数越趋近于 0。

　　图 5.8 所展示的线性关系即为单金属 Pt 催化剂催化甲烷反应所具有的晶粒相关性。该性质可作为研究双金属 Pd-Pt 催化剂催化反应与催化剂结构的理论基础，通过该线性关系，如果可获得金属 Pt 在区间 B (Pt) 的速率常数，并存在屏蔽 Pd 对催化反应贡献的条件时，可通过速率常数来拟合反应双金属催化剂的单质 Pt 晶粒粒径，并最终获得负载型

双金属催化剂的晶粒类型、晶粒组成及元素分布等情况(Chin et al., 2011)。

本节主要是通过金属 Pt 催化剂催化甲烷的晶粒相关性来拟合速率常数对 Pt 晶粒粒径的线性关系，并作为理论基础为下文的双金属催化剂反应及结构分析提供理论依据。

5.1.4　甲烷在 Pt 催化剂金属位点区间 A(Pt)上的催化反应

在前面的探究中，从实验上分别论述了甲烷在金属 Pt 表面氧全覆盖反应区间 C(Pt)和氧部分覆盖反应区间 B(Pt)的催化氧化活性。当氧分压继续降低后，由图 5.2(a)可以看到，催化反应活性与氧分压成正比关系，即氧压力降低，甲烷反应活性降低。此时，金属表面吸附氧在催化反应中几乎完全被甲烷带离金属表面，Pt 晶粒表面原子呈现金属态，活性位完全以金属态出现。

在金属位点反应区间 A(Pt)，认为 C—H 的解离与活化快速进行，而限制甲烷催化反应总体进程的反应步骤为氧在金属 Pt 表面的吸附与解离，该过程可描述为

$$O_2 + * \rightleftharpoons O_2^* \qquad k_{O_1f},\ k_{O_1r},\ K_{O_1} \tag{5.16}$$

$$O_2^* + * \longrightarrow 2O^* \qquad k_{O_2f} \tag{5.17}$$

上述过程中，由于氧解离后被快速消耗，可认为氧形成表面吸附氧这个过程是不可逆过程，该限速步骤可表示为

$$r_{*-*} = 0.5 k_{O_2f} K_{O_1} \langle O_2 \rangle \tag{5.18}$$

其中*-*表示催化活性位点为金属位点，反应速率完全由氧分压决定。以上是催化反应模型描述，从实验的角度而言，如图 5.2(a)和图 5.7(a)所示，发现该区间的催化活性仅受氧压力影响，而不受其他参数，如甲烷分压、反应温度、晶粒粒径等参数的影响。

从图 5.2(a)看到，甲烷分压增加后，该区间内的反应活性曲线依然落在同一直线上，该线性关系仅与氧分压有关，而与甲烷压力无关。从图 5.7(a)可知，金属位点反应区间 A(Pt)，反应活性不受金属 Pt 晶粒粒径的影响，三种不同粒径 Pt 晶粒的催化活性均落在同一线性关系上，斜率保持恒定值，而差别仅为大晶粒的区间 A(Pt)相对处于更宽泛的氧区间，其区间内的催化活性更高。这里需要谈到金属 Pt 催化剂另一个具有较强实用性的属性，即在反应区间 A(Pt)内的催化活性对单金属 Pt 催化剂晶粒粒径的无关性。

在该反应区间，从实验上看到了甲烷催化反应与氧分压成正比，且保持晶粒粒径对催化反应的无关性。甲烷催化氧化反应涉及两个主要的反应过程：C—H 键在金属表面的解离活化、碳氢元素与表面吸附氧的结合。在反应区间 B(Pt)，一方面表面氧对 C—H 的活化产生了一定的限制作用，Pt 的氧化表面不适合催化反应的进行；另一方面 Pt 的面心原子与棱角原子对甲烷催化反应会产生不同程度的促进作用，这与表面 Pt 原子的配位数有关。而反应区间 A(Pt)则是由于 C—H 键的活化速率远大于 O 元素的解离速率，反应活性与 C—H 键无关，而后续反应中碳、氢原子与氧的结合几乎不受金属面或棱角原子配位数的影响，故区间 A(Pt)因受氧元素的解离控速而不存在催化活性相对金属 Pt 晶粒粒径大小的相关性。

晶粒无关性同样是本书需要用到的重要性质。在双金属催化剂 Pd-Pt 体系中，如果存在反应条件可屏蔽掉 Pd 对催化活性的影响，即可利用上述的晶粒无关性来评价金属 Pt

的催化活性位点总数(通过总反应速率与单位位点反应速率的比值获得总反应位点数量)，同时在合成催化剂后可评价出双金属催化剂表面 Pd+Pt 的总表面原子量，故利用上述二者的信息，同样可以获得表面 Pd 催化位点总量。最后，在给出适当模型的前提下，可通过结构化学的方法利用晶粒的表面分散度，获得各组分的粒径参数。以上是 Pt 晶粒粒径无关性的应用方法，在下文将具体论述。

Pt 晶粒的粒径无关性不仅表现在甲烷催化氧化反应上，对 CD_4 的氧化反应、CO 的氧化反应同样适用。实验对比了 CH_4-O_2、CD_4-O_2、CO-O_2 三种氧化反应的氧在金属 Pt 催化剂金属位点反应区间 A(Pt)上的解离速率，从图 5.9 中可以看到，三者的氧解离速率均由氧压力控制，而与反应物无关(其中氧解离速率通过与催化氧化反应速率的对等关系计算而得)。三种可燃物在金属 Pt 表面活化时，C—H 或 C—O 键的氧化速率均快于氧的解离速率，故该条件下催化反应速率不受可燃物控制，同时也表现出催化剂晶粒粒径对反应的无关性。

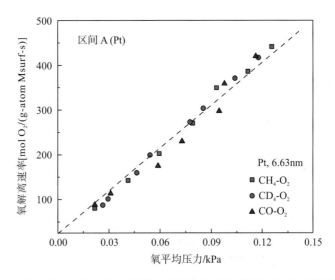

图 5.9　反应条件下氧在金属 Pt 催化剂金属位点反应区间(A(Pt))上的解离速率

对比 CH_4-O_2 和 CD_4-O_2 两个同位素反应可以得出，氢和氘的同位素效应在反应区间 A(Pt)同样没有出现，依据氧的解离在该反应区间控速的机理，由于解离速率慢于 C—H 键的活化速率，故该反应区间的晶粒相关性、同位素动力学效应均不会出现。

图 5.10 显示了甲烷催化反应活性在区间 A(Pt)和区间 B(Pt)上的温度依赖关系。可以看到，反应区间 A(Pt)依然展示了其反应活性随氧分压的唯一且正比的变化关系。在该反应区间，速率值均落在同一线性关系上，高温使得速率值更大，区间 A(Pt)的范围更大。该现象同样可理解为催化反应在氧解离控速下的反应趋势所保持的一致性。

另一方面，反应区间 B(Pt)出现了影响催化反应活性的温度效应。类似于晶粒粒径对催化反应的影响，这里是高温下甲烷催化反应具有更高的活性，反应曲线整体上移。温度促进了 C—H 键的活化，使得在反应区间 B(Pt)的总反应速率上升。

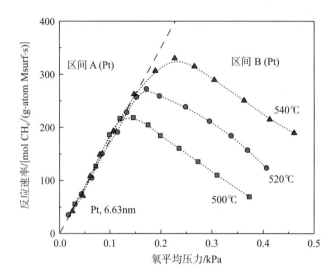

图 5.10　甲烷催化反应活性在区间 A(Pt)和区间 B(Pt)上的温度依赖关系

注：Pt 晶粒粒径 6.63 nm，实验设定温度 500℃，520℃，540℃。

　　前述章节通过傅里叶红外光谱的方法，利用 CO 在氧化态双金属催化剂表面的吸附，探讨了 Pt 元素对 Pd 元素产生的还原特性，并预测了 Pd 位点反应速率的下降；利用 CO 在还原态双金属催化剂表面的吸附，实验进行了 Pd 位点和 Pt 位点的区分，并将反应速率归并在真实反应位点上以对比 Pt 元素对表面 Pd 元素催化氧化能力的影响。此外通过 CO 在催化剂表面的线式吸附与桥式吸附的比值，可推测双金属催化剂中单质晶粒和核壳结构合金晶粒粒径随 Pt 元素负载量的变化趋势。

5.2　甲烷在 Pd-Pt 核壳结构催化剂上的反应特性

　　根据第 4 章的相关结论，单金属 Pd 催化剂晶粒的粒径均值(12.3 nm)明显大于单金属 Pt 催化剂的晶粒均值(6.63nm)，Pd 晶粒的表面分散度也更低，但对于 Pd-Pt 双金属催化剂则有不同，合金晶粒的粒径均值(10.1nm)没有出现高于两种单金属催化剂的情况，其晶粒均值处于单金属催化剂晶粒粒径之间，呈现出高于金属 Pt 晶粒粒径，低于金属 Pd 晶粒粒径的现象，金属 Pt 的添加，降低了合金的粒径均值。因此前面研究了单金属 Pt 催化剂的相关反应特性，本节继续研究双金属 Pt-Pd 催化剂的反应特性。

　　本节研究的基本思路是通过反应来标定催化剂结构。在第 4 章中指出，甲烷在 Pd 元素和 Pt 元素表面的催化氧化反应是可根据氧压力(或者说是氧表面吸附量)的差异而进行区分的，也就是说在全氧压力反应区间上，存在 Pt 的最适反应区间(Pd 对催化反应的影响可忽略不计)和 Pd 最适反应区间(Pt 对催化反应的影响可忽略不计)，在单一反应区间，可探讨相应金属元素对催化反应的影响，并通过反应来表征催化剂的结构。对催化剂而言，高催化性能是衡量一种催化剂实用性的重要指标，那么一种催化剂达到高催化性能的途径(气固催化、表面催化)主要是由催化剂晶粒表面的活性位点量和单个活性位点的催化性能决定。催化金属滴定在载体表面后，由于焙烧还原等因素，金属原子会聚集并形成一定尺寸等催化剂晶粒,而对于给定的金属负载量,所形成的晶粒直径越大就意味着更多的金属元素被收拢于晶粒内部,内部的金属原子是不能参与表面气固间的催化反应的,所以晶粒粒径越小所能暴露于表面的催化原子总量越多。近些年,一些前沿性的研究致力于合成单原子催化剂或低晶粒化的催化剂,比如少量原子组成的催化剂晶粒,这些研究的目的在于给载体表面提供更多的催化活性位点,这里且不谈没有或缺少内部原子的支撑是否对单原子活性位点的催化能力存在负面影响,单从位点数量上看,位点总量多对催化剂的催化反应性能一定是成正相关的。但是单原子催化剂的合成受到多方面条件的约束,催化金属与载体之间的相互作用、处理气氛、处理温度、负载方法等都对催化剂晶粒产生一定的影响。在二氧化硅与三氧化二铝载体表面生长的 Pt 晶粒和 Pd 晶粒,二者的晶粒粒径有明显差别。有研究认为以钛元素作为载体,可有效降低催化剂晶粒的粒径。对于单个位点的催化反应性能,这里就要谈到催化剂的晶粒粒径,对于 Pd、Pt、Au、Ag、Ru 等元素组成的晶粒,大晶粒的催化剂一般具有更高的位点催化能力(这里的位点催化能力,并非总催化能力)。大晶粒意味着晶面更大且晶面上原子更多,而晶体棱、角处的原子较少。一般的,金属原子在组成晶体的过程中,晶体顶点位置处的金属原子与周围金属原子的结合或成键最少,其次是晶棱位置处的金属原子,晶面上的金属原子与周围原子成键最多。对于一种元素而言,该元素可向外输出的键能是守恒的,金属原子与周围其他原子成键后,若该元素的键能被消耗得最多,则该元素原子的外层电子更活泼,更易于活化甲烷等物质,打破甲烷的结构稳定性,进而提高催化性能。因此晶面上的原子利于反应,其次是棱位置处的原子,顶点原子催化性能较差。通过以上分析可以看到,催化位点总量和单个位点的催化反应活性实际上是互为矛盾的,高位点转化率要求实现大晶粒,而多表面位点量又要求晶粒粒径尽可能的小,因为催化剂的催化活性是一个综合性能参数。催化反应活性与催化剂结构存在复杂的对应关系,本章主要是从反应的角度出发,探讨催化剂晶粒的组成及其结构。

本章所使用的单金属催化剂为 Pd 催化剂(1%的质量分数,焙烧550℃、还原550℃,晶粒粒径7.73nm),Pt 催化剂(0.917%的质量分数,该质量分数所负载的 Pt 元素摩尔量为 Pd 元素的一半,焙烧温度为600℃、650℃、700℃,还原温度分别与各个焙烧温度相同,对应晶粒粒径为2.28nm、3.90nm、6.63nm)。双金属催化剂按照核壳结构方法制作,均进行500℃下的氧滴定过程,焙烧温度均为550℃,还原温度分别为650℃、670℃、692℃,不断提高还原温度是要保持催化剂的粒径均值在一定范围内变动,因为 Pt 元素不易长大,提高温度可增大晶粒粒径均值,这将在下文的结构讨论中展示各类型晶粒的结构差异。这里将所有含 Pd 催化剂的 Pd 元素负载量设定为1%的质量分数,即所有 Pd 元素的量是一定的,这为下文讨论合金大晶粒提供了一定便利,更为清晰地显示出 Pd 元素在合金中的位置随 Pt 负载量的变化趋势。动力学分析所用的模型与前述章节相同,催化剂晶粒分为单质 Pt 晶粒和核壳结构合金大晶粒,甲烷在低氧区间(P_{O_2}<1kPa)的催化氧化在 Pt 晶粒上进行,在高氧区间(P_{O_2}>1kPa)的催化反应在核壳结构大晶粒上,也就是 Pd 表面进行。前述章节,通过光谱、化学吸附和电镜观测等技术提出了合金核壳结构与单质 Pt 晶粒的催化剂晶粒模型,光谱技术证明了模型的存在,为了更有力地证明该模型的一般性,利用反应动力学的方法加以验证。表 5.2 为本章所用催化剂的性能参数。

表 5.2　Pd-Pt 催化剂合成条件及相关物性参数

样品	Pt 和 Pd 元素的负载量	处理温度/℃	晶粒表面分散度*/%	晶粒平均粒径值/nm
$Pd_1Pt_{0.5}/Al_2O_3$	Pd: 1%, Pt: 0.917%	C550-R650	0.156	7.15
Pd_1Pt_1/Al_2O_3	Pd: 1%, Pt: 1.83%	C550-R670	0.162	6.91
Pd_1Pt_2/Al_2O_3	Pd: 1%, Pt: 3.67%	C550-R692	0.168	6.68
Pd/Al_2O_3	Pd: 1%	C500-R500	0.144	7.73
		C600-R600	0.491	2.28
Pt/Al_2O_3	Pt: 0.917%	C650-R650	0.287	3.90
		C700-R700	0.168	6.68

注：*表示通过常温氧化学吸附测得。

　　如图 5.11 所示为甲烷在 Pd-Pt 催化剂上的催化氧化性能，图 5.11(a)图展示了甲烷在双金属催化剂的单质 Pt 晶粒上的催化氧化特性，反应在低氧区间（P_{O_2}<1kPa）发生；图 5.11(b)图展示了甲烷在双金属催化剂的合金大晶粒上的催化氧化特性，反应在高氧压力下（P_{O_2}>20kPa）进行；图 5.11(c)图展示了甲烷在单金属 Pd 和 Pt 催化剂上的催化氧化反应，反应在低氧区间（P_{O_2}<1kPa）进行。实验中，三种双金属催化剂的用量控制在 0.011mg（因为双金属催化剂中 Pt 负载量较高，因此控制用量最少，同时因为下文需要对比，故所有双金属催化剂用量相同），单金属 Pt 催化剂的用量为 0.033 mg，单金属 Pd 催化剂的用量为 0.1 mg。需要强调，以下三图中的位点反应速率是用总反应速率与全表面位点量的比值予以表示，因为这里并未进行催化位点区分，故先利用"假"位点反应速率表示甲烷在 Pt 表面与 Pd 表面的催化反应趋势。

　　从图 5.11(a)图中可以看到在低氧反应区间"假"位点反应速率随氧烷比的升高呈现先上升后下降的趋势，这显示出低氧反应区间的 Pt 元素催化氧化特性，并且 Pt 元素的负载量越高，"假"位点反应速率也越高。这里利用双金属催化剂中单质 Pt 晶粒模型，认为在 Pt 负载量增高的情况下，合金中析出的单质 Pt 晶粒随 Pt 负载量的增加而增大，更多的 Pt 原子处于晶面位置并具有高位点催化活性，使得总催化反应性能增强。这里需要指出的是，即使不进行位点区分，Pd_1Pt_2 催化剂的 Pt 位点反应速率也是要高于 Pd_1Pt_1 和 $Pd_1Pt_{0.5}$ 催化剂的，从结构上讲是因为 Pt 负载量高会产生粒径较大的单质 Pt 晶粒，大晶粒具有更大的晶面从而利于反应的进行（已详细描述，这里不再赘述），下文将用详细的数据进行证明。此外这里同样用到了 Pd_1Pt_1 催化剂，但是和第 4 章的 Pd_1Pt_1 催化剂相比，二者的"假"位点反应速率有较大差异，因为二者负载量相同，反应温度和原料气进气条件相同，计算方法也相同，而在前面章节中提到，催化剂的合成气氛、负载量、制作方法和温度等都对催化剂的活性产生重要影响，因此这里的问题出在合成温度上，温度可明显影响催化剂晶粒的粒径均值，晶粒对催化活性的影响不再赘述。重点要阐述的是温度升高后，双金属催化剂的单质 Pt 晶粒和合金大晶粒的粒径均值实际上全部上升了，对于 Pd 和 Pt 两种元素，大晶粒即具有较大的催化活性，第 4 章所述 Pd_1Pt_1 催化剂焙烧与还原温度均在 700℃，而

本章 Pd_1Pt_1 催化剂焙烧温度在 550℃，还原温度 670℃，接近 700℃，焙烧温度相差 150℃ 使得粒径均值相差接近 3nm，而这 3nm 的粒径差异不仅使得 Pt 表面的位点反应速率升高，同时导致 Pd 表面的位点反应速率升高，可见图 5.11(b) 图中催化剂所示。

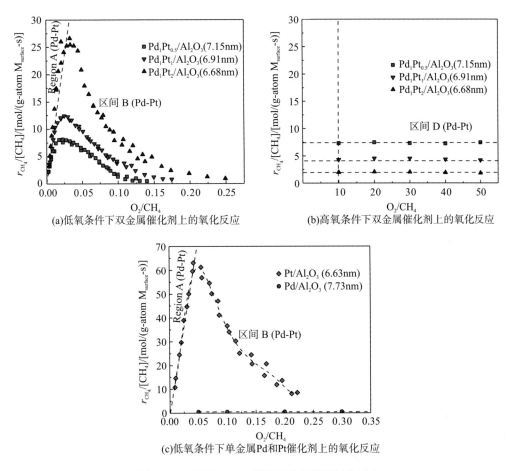

图 5.11　甲烷在 Pd-Pt 催化剂上的催化氧化反应

注：反应温度均为 500℃，总气流流量 125mL/min，单金属催化剂质量为 0.033mg，双金属催化剂质量为 0.011mg。

　　而对于图 5.11(b) 图来说，发现的规律是 Pt 负载量越高，双金属催化剂的位点反应速率越低。这里要指出，在高氧压力条件下（P_{O_2} >20kPa）"假"位点反应速率是不能代表反应趋势的，这就和计算方法有关了，该计算方法是将全反应速率归一到全位点表面（由氧化学吸附测定），而三种双金属催化剂所负载的 Pd 元素量是一致的，但 Pt 的负载量却是快速增加的状态，因此由于不反应的位点量快速增加而导致"假"位点反应速率下降是可以理解的。如果对比上一章节中经过位点区分后活化能的结果，会发现甲烷在高氧压力条件下（P_{O_2} >20kPa）Pd 表面的位点反应速率会有趋近的趋势，也就是说位点反应速率大致相当，不随 Pt 负载量的变化而明显变化，这里的内容将在动力学方法位点区分后进行讨论。图 5.11(c) 实际上是 Pd 和 Pt 两种元素在低氧反应区间的位点反应速率的对比，这里的位点反应速率即为真实反应速率，单金属催化剂不需要区分位点，表面位点即为真实反应位点。从图中可以看出，相比于 Pt 催化剂在低氧反应区间的催化活性，Pd 催化剂在低氧区间(P_{O_2}<1kPa)的催化反应活性几乎可忽略不计，也就是说实验在低氧反应区间研究甲烷在金属 Pt 上的催化氧化反应的时候，是不需要去考虑金属 Pd 对反应的影响，此时的反应活性可全部归到 Pt 位点的催化能力中。

在双金属催化剂的反应特性中，同样区分了反应区间：区间 A(Pd-Pt)(Pt 元素承担催化反应，金属态 Pt 原子反应位点，低氧条件下进行)，区间 B(Pd-Pt)(Pt 元素承担催化反应，表面 Pt 反应位点被表面吸附氧部分覆盖，低氧条件下进行)，区间 D(Pd-Pt)(Pd 元素承担催化反应，合金晶粒被完全氧化，高氧条件下进行)，这里没有展示合金晶粒在部分氧化区间的催化氧化活性，主要是该区间不参与相关动力学数据的分析，区间 C(Pd-Pt)没有在图中显示(该区间的催化反应趋势可到第 4 章查看)。

下面对每个反应区间进行数量拟合，以求得相应的速率常数。在上面的论述中提到，低氧区间(P_{O_2}<1kPa)的催化氧化反应主要由 Pt 元素完成，Pd 元素的催化贡献量极低可忽略不计。在第 4 章单金属 Pt 催化剂的催化性能分析中，提出区间 A(Pt)的单个位点催化反应速率与氧分压成正比关系，在双金属催化剂的反应区间，甲烷依然是在单质 Pt 晶粒的表面进行反应，故该性质依然成立。这里强调图 5.11 中的所有纵坐标均用催化剂反应一阶速率系数表示，也就是将催化位点的反应速率中存在的甲烷分压的影响屏蔽掉。催化位点反应速率的计算依然归并到全位点上，这里还未进行动力学位点区分，所做计算为预研性讨论，并为下文提供对比参照。

式(5.19)为反应 A 区间［即区间 A(Pd-Pt)］的动力学方程，反应主要在金属态 Pt 晶粒表面进行，一阶反应速率系数与氧分压成正比关系。$k_{A,PdPt}$ 表示反应 A 区间的速率常数，与氧气的正向吸附平衡和吸附性氧气的解离速率成正比。式(5.20)为反应 B 区间［即区间 B(Pd-Pt)］的动力学方程，反应主要在半氧化态 Pt 晶粒表面进行，一阶反应速率系数与甲烷分压成正比，与氧分压成反比，$k_{B,PdPt}$ 表示反应 B 区间的速率常数，与吸附氧和空位对的消耗速率的平方成正比，与氧气的正向吸附平衡和吸附性氧气的解离速率成反比。式(5.21)中，$k_{D,PdPt}$ 表示反应 D 区间的速率常数，这里需要指出，D 区间的反应是在 Pd 氧化态表面进行的反应，Pt 的催化贡献量极低可忽略不计；同时还要指出，在反应 D 区间，一阶反应速率系数与该区间的速率常数是相等的，而区间 B 和 A 均不同，从数据图形上看，D 区间的一阶反应速率系数表现为与横轴平行的直线。

$$k_{M,A}^{1st} = \frac{r_{CH_4,M,A}}{[CH_4]} = 0.5k_{O_2f}K_{O_1}\frac{[O_2]}{[CH_4]} = k_{A,PdPt}\frac{[O_2]}{[CH_4]} \tag{5.19}$$

$$k_{M,B}^{1st} = \frac{r_{CH_4,M,B}}{[CH_4]} = \left(\frac{2k_{O^*-^*}^2}{k_{O_2f}K_{O_1}}\right)\frac{[CH_4]}{[O_2]} = k_{B,PdPt}\frac{[CH_4]}{[O_2]} \tag{5.20}$$

$$k_{M,D}^{1st} = \frac{r_{CH_4,M,D}}{[CH_4]} = k_{D,PdPt} \tag{5.21}$$

根据以上各个反应区间速率常数的动力学方程，获得了 Pd$_1$Pt$_{0.5}$、Pd$_1$Pt$_1$ 和 Pd$_1$Pt$_2$ 三种催化剂在区间 A(Pd-Pt)、区间 B(Pd-Pt)和区间 D(Pd-Pt)三个区间上的速率常数，如表 5.3

所示。仅从速率常数变化的趋势上看，区间 A 和 B 的速率常数值是随 Pt 负载量的增加而增加，区间 D 的速率常数值是随 Pt 负载量的升高而减小。这部分速率常数值将在下文反应位点区分后做详细比较。

表 5.3 三种双金属催化剂在三个反应区间上的速率常数

样品/区间	反应动力学区间和速率常数/kPa^{-1}·s^{-1}			
	区间 A	区间 B	区间 C	区间 D
	$k_{A,PdPt}$	$k_{B,PdPt}$	$k_{C,PdPt}$	$k_{D,PdPt}$
Pd$_1$Pt$_{0.5}$	759.6	0.2938	—	7.37
Pd$_1$Pt$_1$	905.7	0.4654	—	4.36
Pd$_1$Pt$_2$	1208.1	0.8561	—	1.95

本节初步检测了甲烷在三种核壳结构双金属催化剂 Pd$_1$Pt$_{0.5}$、Pd$_1$Pt$_1$ 和 Pd$_1$Pt$_2$ 上的催化氧化活性。随着氧分压的提高，催化反应速率呈现出先升高后降低的趋势，分别对应反应区间 A(Pd-Pt) 和 B(Pd-Pt)。这两个反应区间均在低氧条件下进行，反应主要由 Pt 晶面承担，A 区间对应 Pt 的金属态反应区间，B 区间对应 Pt 的半氧化态反应区间，Pt 的全氧化态区间对催化反应的贡献程度极低，相比较 Pd 元素在全氧化条件下的催化反应活性，Pt 的催化反应贡献量可忽略不计。反应 D 区间为高氧条件下的反应区间，该区间的催化反应主要由 Pd 元素完成，过渡区间先不予讨论。本节中，区间 A(Pd-Pt) 和区间 B(Pd-Pt) 的本征动力学描述与单金属 Pt 催化剂相同，区间 D(Pd-Pt) 的本征动力学描述表现为一阶反应速率系数与速率常数相同。需要强调的是本节的位点反应速率是归并在全位点上的，归并在真实反应位点上的反应速率将在下文详细介绍。

5.3 应用动力学方法区分 Pd-Pt 催化剂的表面位点

下面介绍在晶体颗粒无关性区间的反应位点区分。以反应动力学的方法进行催化位点区分的基本思路是在某一给定反应条件下(相同的原料气浓度、相同的催化剂质量)，双金属催化剂的总催化反应速率与单金属催化剂的位点反应速率的比值，即为双金属催化剂中承担催化作用的催化位点的数量，或称作真实位点数量。另一个需要说明的概念是位点催化反应速率与催化剂晶粒粒径的无关性，或简称为晶粒无关性。动力学方法的催化位点区分要求在晶粒无关性区间进行，这是因为催化剂晶体的粒径对位点催化反应速率有显著影响。在前述章节中，指出晶粒面上原子和棱角处的原子会产生不同的催化效果，面上的原子具有更高的催化活性，而棱角处的原子由于与周围原子的结合较少，从而降低了催化氧化活性。双金属催化剂中的 Pt 元素负载量是不一样的，按照所给定的双金属催化剂模型，低氧区间(P_{O_2}<1kPa)的催化氧化反应主要在 Pt 晶粒上进行，不同的负载量会使得单质 Pt 晶粒的粒径产生差异，这一点在还原态双金属催化剂的 CO 吸收光谱中已经予以证明(CO 的桥式和线式吸附的比例随 Pt 负载量的变化而变化)。因此如果每个催化位点不能有固定

的位点反应速率，通过动力学拟合出来的 Pd 和 Pt 的位点数量则不具有科学性。

在第 4 章中已经证明了 Pt 元素在动力学 A 区间具有催化反应对晶体颗粒粒径的无关性，这个反应区间由氧在金属原子上的吸附控速，对所吸附金属原子的位置并不敏感。图 5.12(a) 为甲烷在单金属 Pt 催化剂上的催化反应活性，所用单金属 Pt 催化剂的晶粒粒径为 2.28nm、3.90nm、6.63nm，所装载的催化剂质量均为 0.033mg Pt/Al₂O₃。这里所装载的负载型催化剂质量一定，大粒径催化剂的表面原子暴露量要少于小粒径催化剂，在位点反应速率一定的条件下，小粒径催化剂的总催化性能较好。单金属 Pt 催化剂的表面催化位点直接由化学吸附测得，不需要进行位点区分，计算所得的位点反应速率即为真实位点反应速率。从图中可以看出，不同粒径 Pt 催化剂的位点反应速率对氧压力的曲线几乎完全重合在同一直线上，晶粒粒径对位点反应速率无影响，且该直线表现为过原点的一次函数形式。

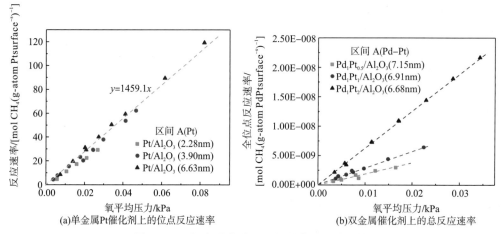

图 5.12　甲烷在动力学 A 区间的催化反应活性

注：反应温度均为 500℃，总气流流量 125mL/min，单金属催化剂质量为 0.033mg，双金属催化剂质量为 0.011mg。

甲烷在双金属催化剂上的氧化反应由总催化反应速率对氧气的表面分压予以表示，如图 5.12(b) 所示。不同的催化剂具有明显不同的线性关系，三条数据线均表现为过原点的一次函数，Pt 负载量越大，每个 Pt 位点的反应速率越大，同时表面 Pt 的总量增大，数据线的斜率也变大。需要强调三种双金属催化剂的装载质量均为 0.011mg，因为这里测量的是总反应速率，故催化剂的质量要保持一致。双金属催化剂的质量比单金属 Pt 催化剂的质量少，是因为随着 Pt 元素的增多，双金属催化剂的总催化反应量上升，为了限制甲烷转化率并维持动力学条件，通过稀释催化剂来限制反应的进行程度。

式 (5.22) 为双金属催化剂中表面 Pt 位点的动力学区分公式，基本思想是利用总反应速率与位点反应速率的比值来求得表面位点数量。但在具体的操作中发现并不能找到完全一样的对应条件，比如氧分压完全一致。因此寻找每条数据线的斜率作为比较参数。双金属催化剂取总反应速率对氧分压的斜率，但金属催化剂取位点反应速率对氧分压的斜率，那么该方法的表达式为

$$\text{Site}_{\text{norm, Pt}, X} = \frac{R_{\text{PdPt sample}}}{r_{\text{CH}_4,\text{M},0.5\text{Pt}}} = \frac{R_{\text{PdPt sample}}/[\text{O}_2]}{r_{\text{CH}_4,\text{M},0.5\text{Pt}}/[\text{O}_2]} = \frac{l_{R_{\text{PdPt sample}}}}{l_{r_{\text{CH}_4,\text{M},0.5\text{Pt}}}} \tag{5.22}$$

其中，$Site_{norm, Pt, X}$ 表示双金属催化剂中 Pt 元素的表面位点数量；X 表示 $Pd_1Pt_{0.5}$、Pd_1Pt_1 和 Pd_1Pt_2 催化剂；$R_{PdPt\ sample}$ 和 $r_{CH_4, M, 0.5Pt}$ 分别代表双金属催化剂的总反应速率和单金属 Pt 催化剂的位点反应速率；$l_{R_{PdPt\ sample}}$ 和 $l_{r_{CH_4, M, 0.5Pt}}$ 代表双金属催化剂的总反应速率所对应的斜率和单金属 Pt 催化剂的位点反应速率所对应的斜率。

表 5.4 所示为利用上述动力学方法进行的位点区分后的结果，但从该表格中发现一些原则性的计算错误。第一，双金属 Pd_1Pt_2 催化剂中出现了表面 Pt 位点量高于总表面位点量的情况，这与自然规律相违背；第二，表面 Pt 位点量与 Pt 总负载量的比值在 25%～30% 区间变动，这与红外光谱进行位点区分后的结论相违背。

表 5.4　三种双金属催化剂在动力学位点区分后的物性参数

样品	$n_{surf, total}$ /(mol/0.011mg)	$n_{surf\ Pt, norm, X}$ /(mol/0.011mg)	$n_{total, Pt}$ /(mol/0.011mg)	$\dfrac{n_{surf\ Pt, norm, X}}{n_{total, Pt}}$ /%
Pd_1Pt_2/Al_2O_3	5.25621×10^{-10}	5.26030×10^{-10}	2.08461×10^{-9}	25.23
Pd_1Pt_1/Al_2O_3	3.37995×10^{-10}	2.64359×10^{-10}	1.04231×10^{-9}	25.36
$Pd_1Pt_{0.5}/Al_2O_3$	2.44177×10^{-10}	1.57957×10^{-10}	5.21154×10^{-10}	30.31

注：$n_{surf, total}$ 代表总表面反应位点数量；$n_{surf\ Pt, norm, X}$ 代表反应位点区分后的表面 Pt 位点总量；$n_{total, Pt}$ 代表所负载的 Pt 元素总量。

实际上，上述问题主要是反应速率对氧分压的动力学拟合引起的。对于给定的催化反应器，认为 Pd-Pt 催化剂晶粒在催化床层内均匀分布，气流进入催化床层后，在床层晶粒扰动作用下均匀地散布在催化床层内，催化床层内各点的气流参数均匀一致，且仅随反应时间的推进而发生变化。那么反应腔内 CO_2 浓度随时间的变化关系如图 5.13 所示。从图中可知，CO_2 浓度在反应起始阶段快速增加，随着反应程度的加深，CO_2 的生成速度减慢。在反应起始阶段，O_2 浓度处于最高水平，O_2 活化速率达到最大，进而促进了反应在起始阶段的高速进行；但随着反应进行，氧压力不断降低，使得氧活化速率同步降低，催化反应活性下降。从图中看出 CO_2 的生成速率是前快后慢，呈现凸曲线的模式，则 O_2 的消耗也应是前快后慢，呈现凹曲线的模式。当物质的量呈现线性变化趋势时，气相压力可由反应过程的气相均压(起始和末端状态气体压力的算术平均值)表示，比如反应在极低的转化率下进行时，物质的量的变化曲线将无限地逼近线性变化关系，此时可用中段压力或进口压力作为气相均压以进行动力学拟合计算。但当气相压力中 O_2 被大量消耗(由于处在低氧区间，氧转化率一般可达到 50%～60%，最高转化率被限制在 80% 以内)，O_2 物质的量的变化曲线严重偏离线性关系时，不能用 O_2 压力的算术平均值进行动力学拟合，该拟合需要对每个无限小的时间段进行微分，并对整个反应时间进行积分计算以获得相应的速率常数。此外需要指出的是，如果该区间的动力学拟合是通过反应速率对甲烷分压进行，则可用甲烷气相均压的方式直接计算，因为反应 A 区间的甲烷转化率极低，物质的量的变化趋势无限接近于线性关系，但这个条件并不存在。

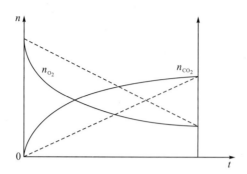

图 5.13　产物 CO_2 在反应腔内物质的量随反应时间的变化关系

下面利用积分的方法，对该区间的速率常数进行拟合。利用反应 A 区间的动力学特性（甲烷催化氧化速率与氧气分压成正比），建立方程(5.23)，甲烷的消耗速率与二氧化碳生成速率相等。

$$r_{CO_2} = -r_{CH_4} = kP_{O_2} \tag{5.23}$$

式中，k 表示该区间(区间 A)的速率常数；r_{CO_2} 表示二氧化碳位点反应速率，正号代表生成；r_{CH_4} 表示甲烷的位点反应速率，负号代表消耗；P_{O_2} 表示当前时刻的氧气压力。

在催化反应腔内，二氧化碳的生成速率等于二氧化碳物质的量在某一 t 时刻的微分，如式(5.24)所示。在 t 时刻，利用理想气体状态方程，二氧化碳物质的量表达为 $\dfrac{P_{CO_2} \cdot V_R}{RT}$，这里催化反应所占据的体积、通用气体常数、温度和表面位点量均为定值，不随时间发生变化；只有二氧化碳压力随二氧化碳物质的量的增多而发生变化，此时微分可直接表达为 $\dfrac{dP_{CO_2}}{dt}$。

$$r_{CO_2} = \frac{dn_{CO_2}}{n_{M,surf} \cdot dt} = \frac{d\left(\dfrac{P_{CO_2} \cdot V_R}{RT}\right)}{n_{M,surf} \cdot dt} = \frac{V_R}{RTn_{M,surf}} \cdot \frac{dP_{CO_2}}{dt} \tag{5.24}$$

其中，$n_{M,surf}$ 代表表面催化位点量；n_{CO_2} 表示反应腔内二氧化碳的物质的量；t 表示反应时刻；V_R 表示反应腔体积。

联立式(5.23)和式(5.24)，t 时刻二氧化碳浓度的微分等于该时刻的二氧化碳生成速率[式(5.25)左]，等于该时刻的速率常数与氧压力的乘积，这里氧压力利用进口氧压力减去反应消耗掉的氧压力进行计算[式(5.25)右]。

$$\frac{V_R}{RTn_{M,surf}} \cdot \frac{dP_{CO_2}}{dt} = k\left[P_{O_2,in} - 2P_{CO_2}\right] \tag{5.25}$$

式(5.25)建立了在 t 时刻的微分关系，且变量只有 P_{CO_2}，将上式的各微分变量分离，对二氧化碳的压力从 0 积分至 t 时刻的二氧化碳压力 P_{CO_2}，对时间的积分从 0 至 t 时刻，如式(5.26)所示：

$$\int_0^{P_{CO_2}} \frac{\mathrm{d}P_{CO_2}}{\left[P_{O_2,\,in} - 2P_{CO_2}\right]} = \int_0^t \frac{k}{\dfrac{V_R}{RTn_{M,\,surf}}} \cdot \mathrm{d}t \tag{5.26}$$

积分结果如式(5.27)所示：

$$\Rightarrow -\frac{1}{2}\ln\left[\frac{P_{O_2,\,in} - 2P_{CO_2}}{\left[P_{O_2,\,in} - 0\right]}\right] = \frac{kt}{\dfrac{V_R}{RTn_{M,\,surf}}} \tag{5.27}$$

将式(5.27)整理可得反应 A 区间的速率常数表达式：

$$\Rightarrow k = \frac{v}{RTn_{M,\,surf}} \cdot \left[-\frac{1}{2}\ln\left(1 - 2\frac{P_{CO_2}}{P_{O_2,\,in}}\right)\right] = \frac{-v}{2RTn_{M,\,surf}} \cdot \ln\left(1 - 2\frac{P_{CO_2}}{P_{O_2,\,in}}\right) \tag{5.28}$$

式中，$P_{O_2,\,in}$ 代表进口氧气压力；$n_{M,\,surf}$ 表示化学吸附所测量的表面位点数量；P_{CO_2} 代表当前时刻二氧化碳的压力；R 表示通用气体常数；T 表示反应温度。

从式(5.28)中可以看出，这里的速率常数 k 值和每个反应点呈现一一对应的数量关系，即每个给定的氧压力可对应一定的二氧化碳浓度，进而对应一定的二氧化碳生成速率，并对应于速率常数值。积分法获得的速率常数是反应 A 区间各个反应点所对应的速率常数的算术平均值。这里需要指出，在计算中用到了位点反应速率，引入了双金属催化剂表面位点量这一参数，所以在接下来的计算中，将表面位点量乘回去，即可得到该区间双金属催化剂全反应速率下的速率常数。

通过积分方法，获得双金属催化剂全反应速率下的 A 区间反应速率常数和单金属 Pt 催化剂位点反应速率下的反应速率常数，利用全速率常数与位点速率常数的比值，来求得双金属催化剂的表面 Pt 位点数量，具体数值如表 5.5 所示。

表 5.5　积分法计算所得的双金属催化剂表面 Pt 位点数量

样品	$n_{surf,\,total}$ /(mol/0.011mg)	$n_{surf\,Pt,\,norm,\,X}$ /(mol/0.011mg)	$n_{total,\,Pt}$ /(mol/0.011mg)	$\dfrac{n_{surf\,Pt,\,norm,\,X}}{n_{total,\,Pt}}$ /%
Pd_1Pt_2/Al_2O_3	5.25621×10^{-10}	4.17484×10^{-10}	2.08461×10^{-9}	20.03
Pd_1Pt_1/Al_2O_3	3.37995×10^{-10}	2.09809×10^{-10}	1.04231×10^{-9}	20.13
$Pd_1Pt_{0.5}/Al_2O_3$	2.44177×10^{-10}	1.25363×10^{-10}	5.21154×10^{-10}	24.05

从表中可以看出，积分法计算出来的表面 Pt 位点数量符合事实，没有出现拟合后的 Pt 位点数量高于总表面位点数量的情况。同时暴露于表面的 Pt 原子量与 Pt 负载总量的比值维持在 20%～24%区间，符合第 4 章中红外光谱的测量结果，因此积分方法具有一定的合理性。

图 5.14 是表面 Pt 位点随 Pt/Pd 负载比例的变化关系图，随着 Pt 元素的增多，表面 Pt 位点量不断增多，这是合理的，因为在负载了更多的 Pt 元素后，一部分的 Pt 元素参与到单质 Pt 晶粒的形成中，使得表面 Pt 暴露量增大。

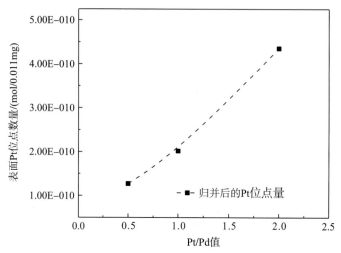

图 5.14　表面 Pt 位点随 Pt/Pd 负载比例的变化关系

本节利用积分的方法对双金属催化剂表面的 Pt 和 Pd 位点进行了区分，获得了表面 Pt 元素的位点数量，揭示了 Pt 位点数量随 Pt/Pd 比例的变化关系。催化剂表面的元素活性位点区分涉及计算方法和气相条件参数的影响，这里提出了利用积分的方法以计算反应速率常数和表面活性位点数量，为气固反应的动力学非线性拟合提供了技术和方法上的指导。接下来利用已获得的各元素表面位点数量，进行催化剂各类型晶粒的结构分析。

5.4　催化剂晶粒模型

本节主要利用晶体颗粒粒径的相关性，研究双金属催化剂中单质 Pt 晶粒和核壳结构合金大晶粒的粒径大小与基本结构。需要指出，所探讨的晶粒粒径相关性是指晶体颗粒粒径对催化反应活性的影响。在单金属 Pt 催化剂反应特性章节中，指出在 Pt 晶面上的原子和 Pt 晶粒棱角处的原子具有不同的催化活性，大晶粒具有大晶面从而具有更高的催化氧化活性，而小晶粒的催化氧化活性较低。接下来利用晶体颗粒的相关性和双金属催化剂晶粒模型，探讨双金属催化剂中单质 Pt 晶粒和核壳结构合金大晶粒的粒径趋势。

5.4.1　单质 Pt 晶粒模型

前述章节利用积分的方法对双金属 Pd-Pt 催化剂中的 Pt 表面活性位点进行了区分，接下来将甲烷在低氧区间（P_{O_2}<1kPa）的催化氧化活性归并到真实催化位点 Pt 位点上，并利用真实位点的反应速率来计算单质 Pt 晶体颗粒和 Pd-Pt 合金大晶体颗粒的粒径。

在本章 5.3 节中测试了甲烷在双金属催化剂上的催化氧化活性，并将反应速率计算到了全位点上，如图 5.15 所示。该图仅展示甲烷在双金属催化剂上的基本催化趋势，不能表达真实的位点反应速率。这里再次强调，文章中论述的"假"位点反应速率是指将总反应速率计算到全位点上的反应速率（全位点通过化学吸附测量得到），"真实"位点反应速率是指将总反应速率归并到承担催化作用位点上，比如低氧区间（P_{O_2}<1kPa）的位点反应速

率归并到 Pt 催化位点，高氧压力下的位点反应速率归并到 Pd 催化位点上。对单金属催化剂不谈真假，单金属催化剂上的位点即为真实反应位点，可直接由化学吸附测得；对双金属催化剂是要谈真假位点反应速率的，因为晶体颗粒表面有两种催化位点。

通过积分方法，已知双金属催化剂表面的 Pt 位点数量，下面来计算双金属催化剂在低氧区间（P_{O_2}<1kPa）的真实位点反应速率。从图 5.15 中获得了甲烷在全活性位点上的位点反应速率，将该反应速率重新乘以全活性位点得到全反应速率，再除以表面 Pt 位点数量，得到甲烷在 Pt 位点上的真实位点反应速率。

$$r_{CH_4, M, PdPt}{}' = \frac{r_{CH_4, M, PdPt} \cdot n_{surf\ total, X}}{n_{surf\ Pt, norm, X}} \tag{5.29}$$

式(5.29)中，$n_{surf\ total, X}$ 表示双金属催化剂表面全位点数量；$n_{surf\ Pt, norm, X}$ 表示双金属催化剂表面 Pt 位点数量；X 表示 $Pd_1Pt_{0.5}$、Pd_1Pt_1 和 Pd_1Pt_2 三种催化剂；$r_{CH_4, M, PdPt}$ 表示全表面位点反应速率，或称作"假"位点反应速率；$r_{CH_4, M, PdPt}{}'$ 表示真实位点反应速率。

甲烷在真实 Pt 位点上的反应速率如图 5.15(a)所示，在经过反应位点区分后，区间 A 的催化反应基本趋势并没有发生变化，主要的变化在于三种双金属催化剂的位点反应速率均有所提升。这里需要指出，双金属催化剂在低氧区间的反应主要在单质 Pt 晶体颗粒表面进行，那么图 5.15(a)中所示，Pd_1Pt_2 催化剂的真实位点反应速率数据线最高，意味着该催化剂提供的单质 Pt 晶粒的粒径最大。大晶粒具有高反应活性的原因在单金属 Pt 催化剂的反应中已介绍，下面利用速率常数来计算单质 Pt 晶粒的粒径。

动力学拟合 Pt 晶粒粒径的方法是通过反应 B 区间的速率常数实现。在催化反应速率拟合到真实反应位点后，对反应 B 区间利用式(5.30)，重新拟合速率常数：

$$\frac{r_{CH_4, M, PdPt}{}'}{[CH_4]} = k_{O\text{-}M}{}' \cdot \frac{[CH_4]}{[O_2]} \tag{5.30}$$

其中，$k_{O\text{-}M}{}'$ 表示位点区分后的速率常数。

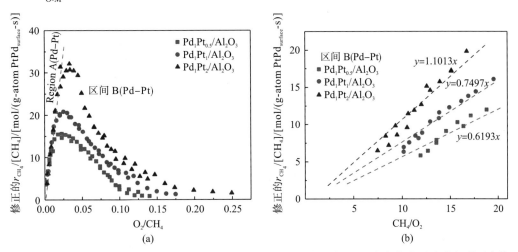

图 5.15　(a)甲烷在双金属 Pd-Pt 催化剂的真实 Pt 位点上的反应速率和(b)真实位点反应速率所对应的 B 区间速率常数

图 5.15 显示了真实位点反应速率及拟合后的速率常数值。对比图 5.16 中的速率常数值(反应 B 区间),发现"假"位点反应速率所对应的速率常数要小于真实位点反应速率所对应的速率常数。

利用动力学拟合计算 Pt 晶粒粒径的方法是寻找反应 B 区间的速率常数与 Pt 晶粒粒径的对应关系,这个关系需要从单金属 Pt 催化剂的晶粒相关性来获得。在第 3 章单金属 Pt 催化剂反应特性章节中,测试了三种不同粒径(2.28nm、3.90nm、6.63nm)的 Pt 催化剂的催化反应活性,并通过动力学拟合找到了单金属催化剂反应 B 区间的速率常数。

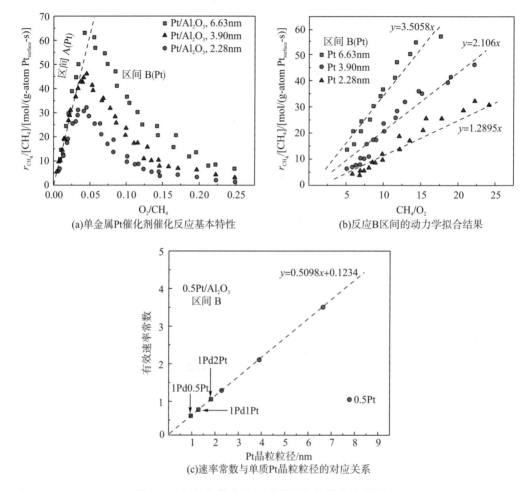

(a)单金属Pt催化剂催化反应基本特性　　(b)反应B区间的动力学拟合结果

(c)速率常数与单质Pt晶粒粒径的对应关系

图 5.16　甲烷在单金属 Pt 催化剂上的催化反应活性

对于 Pt 催化剂而言,反应 B 区间的速率常数与 Pt 晶粒粒径存在吻合度极好的线性关系,如图 5.16(c)所示。将双金属催化剂在反应 B 区间的速率常数代入(c)图所示的数量关系,即可求得相应催化剂的 Pt 晶粒粒径。Pt 晶粒粒径随 Pt 负载量的增多而增加,对应的真实位点反应速率提高,与催化反应活性变化趋势相吻合。表 5.6 所示为双金属催化剂各元素物性参数及单质 Pt 晶粒粒径。

表 5.6　双金属催化剂各元素物性参数及单质 Pt 晶粒粒径

项目	$Pd_1Pt_{0.5}/Al_2O_3$	Pd_1Pt_1/Al_2O_3	Pd_1Pt_2/Al_2O_3
n_{total} /(mol/g)	0.000140973	0.000187773	0.000282091
$n_{total,\,Pt}$ /(mol/g)	4.70054×10^{-5}	9.38057×10^{-5}	0.000188124
$n_{total,\,Pd}$ /(mol/g)	9.39673×10^{-5}	9.39673×10^{-5}	9.39673×10^{-5}
分散度/%	0.156	0.162	0.168
$n_{surf,\,total}$ /(mol/g)	2.19917×10^{-5}	3.04192×10^{-5}	4.73914×10^{-5}
$n_{surf\,Pt,\,norm}$ / $n_{total,\,Pt}$ /%	24.05	20.13	20.03
$n_{surf\,Pt,\,norm}$ /(mol/g)	1.13071×10^{-5}	1.88824×10^{-5}	3.76755×10^{-5}
$n_{surf\,Pd,\,norm}$ /(mol/g)	1.06846×10^{-5}	1.15368×10^{-5}	9.71587×10^{-6}
$d_{Pt,\,isolated}$ /nm	0.972	1.213	1.918

注：n_{total} 代表 Pd+Pt 总负载的金属摩尔质量；$n_{total,\,Pt}$ 和 $n_{total,\,Pd}$ 分别代表 Pt 元素和 Pd 元素的负载质量；$n_{surf,\,total}$ 代表表面原子总量；$n_{surf\,Pt,\,norm}$ 代表位点区分后的表面 Pt 位点；$n_{surf\,Pd,\,norm}$ 代表位点区分后的表面 Pd 位点；$d_{Pt,\,isolated}$ 代表双金属催化剂中单质 Pt 晶粒的粒径。

至此获得了双金属催化剂中单质 Pt 晶粒的粒径值，下面利用结构化学的相关方法，计算核壳结构合金大晶粒的粒径。

5.4.2　Pd-Pt 合金晶粒模型

核壳结构合金大晶粒的粒径计算是利用双金属催化剂的晶粒模型进行的。该模型认为双金属 Pd-Pt 催化剂是由单质 Pt 晶粒和核壳结构合金大晶粒组成，其中核壳结构指 Pd-shell 和 Pt-core 结构，Pd 元素全部分布在 Pt 核的外层，且合金晶粒的表面完全由 Pd 位点占据，具体请看双金属催化剂晶粒结构模型图。在该模型中，Pt 元素一部分位于合金晶粒的 Pt 核中，另一部分从合金中析出，组成单质 Pt 晶粒分布在载体表面。

从上面的分析中，已知表面 Pt 位点数量和单质 Pt 晶粒的粒径均值，下面用两种方法以计算合金晶粒粒径：半球模型(hemisphere model)和十四面体模型(cubo-octahedron model)。这两种模型可以相互印证晶粒粒径计算的准确性。下面从半球模型的计算开始。

半球模型的计算思路(图 5.17)是：首先设定合金晶粒的半径(d_{Pt-Pd})并计算出每个合金晶粒的表面积以及表面 Pd 原子个数；其次利用表面 Pd 原子总量除以单个合金晶粒的表面 Pd 原子总量，获得载体表面合金晶粒的个数；最后利用晶体体积相等建立方程，并求出合金晶粒粒径均值。下面首先确定合金晶粒中的 Pt 元素质量(Cui et al., 2010; Martínez et al., 2010; Jiang et al., 2014; Mann et al., 2012; Zhang et al., 2014; Kashin and Ananikov, 2011)。

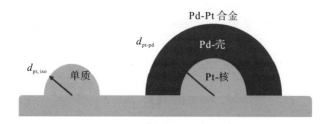

图 5.17 双金属 Pd-Pt 催化剂的半球模型及晶粒类型

已知单质 Pt 晶粒的粒径，可求得每个单质 Pt 晶粒的表面面积

$$S_{\text{Pt, iso}} = 2\pi \left(\frac{d_{\text{Pt, iso}}}{2} \right)^2 \tag{5.31}$$

每个单质 Pt 晶粒面积乘以 Pt 元素的表面浓度，即可得到每个晶粒的表面 Pt 原子量；又因表面 Pt 的总原子量已知(从位点区分中获得)，则单质 Pt 晶粒的个数为

$$N_{\text{Pt, iso}} = \frac{n_{\text{surf Pt, norm}}}{S_{\text{Pt, iso}} k_{\text{Pt}} / N_{\text{A}}} \tag{5.32}$$

又因每个半球单质 Pt 晶粒的体积可从粒径求得，由体积与 Pt 元素密度的乘积可知每个单质 Pt 晶粒所具有 Pt 元素的量，每个晶粒具有 Pt 元素的量与 Pt 晶粒个数的乘积即为单质 Pt 晶粒所具有的 Pt 元素总量：

$$n_{\text{Pt, Pt iso}} = \frac{\dfrac{2}{3} \pi \left(\dfrac{d_{\text{Pt,iso}}}{2} \right)^3 \rho_{\text{Pt}} N_{\text{Pt, iso}}}{M_{\text{Pt}}} \tag{5.33}$$

这里求得了单质 Pt 晶粒所包含 Pt 元素的总量，那么合金晶粒中所具有的 Pt 元素的总量为

$$n_{\text{Pt, Pt-Pd}} = n_{\text{Pt, total}} - n_{\text{Pt, Pt iso}} \tag{5.34}$$

合金晶粒中 Pd 和 Pt 元素的总量为全部 Pd 元素与合金中 Pt 元素之和：

$$n_{\text{Pt-Pd, total}} = n_{\text{Pt, Pt-Pd}} + n_{\text{Pd, total}} \tag{5.35}$$

合金晶粒的表面位点全部为 Pd 位点，可通过 Pt 位点计算：

$$n_{\text{surf Pd, norm}} = n_{\text{surf, total}} - n_{\text{surf Pt, norm}} \tag{5.36}$$

设合金晶粒的粒径为 $d_{\text{Pt-Pd}}$，合金晶粒的表面积按半球模型可计算为

$$S_{\text{Pt-Pd}} = 2\pi \left(\frac{d_{\text{Pt-Pd}}}{2} \right)^2 \tag{5.37}$$

合金晶粒的晶粒个数可由表面 Pd 位点总量与每个合金晶粒表面 Pd 位点量的比值求得：

$$N_{\text{Pt-Pd}} = \frac{n_{\text{surf Pd, norm}}}{\dfrac{S_{\text{Pt-Pd}} k_{\text{Pd}}}{N_{\text{A}}}} \tag{5.38}$$

下面建立等式来计算合金晶粒粒径。已经计算出合金晶粒中的 Pt 元素含量，同时 Pd 元素全部存在于合金晶粒中，故两种元素含量所对应的体积可计算为

$$V_{\text{Pt-Pd}} = \frac{n_{\text{Pt, Pt-Pd}} M_{\text{Pt}}}{\rho_{\text{Pt}}} + \frac{n_{\text{Pd, total}} M_{\text{Pd}}}{\rho_{\text{Pd}}} \tag{5.39}$$

而利用半球模型可从粒径的角度写出体积方程：

$$V_{\text{Pt-Pd}} = \frac{2}{3}\pi \left(\frac{d_{\text{Pt-Pd}}}{2}\right)^3 N_{\text{Pt-Pd}} \tag{5.40}$$

联立式(5.39)和式(5.40)，可求得合金晶粒的粒径值：

$$d_{\text{Pt-Pd}} = \frac{6k_{\text{Pd}}}{n_{\text{surf Pd, norm}} N_{\text{A}}} \left(\frac{n_{\text{Pt, Pt-Pd}} M_{\text{Pt}}}{\rho_{\text{Pt}}} + \frac{n_{\text{Pd, total}} M_{\text{Pd}}}{\rho_{\text{Pd}}}\right) \tag{5.41}$$

以上公式各符号所代表意义：

$S_{\text{Pt, iso}}$ 表示每个单质 Pt 晶粒的表面积，$S_{\text{Pt-Pd}}$ 表示每个合金晶粒的表面积；$d_{\text{Pt, iso}}$ 表示单质 Pt 晶粒粒径，$d_{\text{Pt-Pd}}$ 表示合金晶粒的粒径；$N_{\text{Pt, iso}}$ 表示载体表面单质 Pt 晶粒个数，$N_{\text{Pt-Pd}}$ 表示载体表面合金晶粒的个数；k_{Pt} 表示 Pt 晶体表面原子密度，k_{Pd} 表示 Pd 晶体表面原子密度，N_{A} 为阿伏伽德罗常数；ρ_{Pt}、M_{Pt} 和 ρ_{Pd}、M_{Pd} 分别表示 Pt 元素的密度、摩尔质量和 Pd 元素的密度、摩尔质量；$n_{\text{Pt, Pt-Pd}}$，$n_{\text{Pt, Pt iso}}$ 和 $n_{\text{Pt, total}}$ 表示合金晶粒中 Pt 元素、单质晶粒中的 Pt 元素，以及 Pt 元素的总负载量；$n_{\text{PtPd, total}}$ 表示合金中所包含的 Pt-Pd 元素物质的量，$n_{\text{Pd, total}}$ 表示 Pd 元素的物质的量；$V_{\text{Pt-Pd}}$ 表示合金晶粒体积；$n_{\text{surf Pd, norm}}$、$n_{\text{surf Pt, norm}}$、$n_{\text{surf, total}}$ 表示表面 Pd 位点量、表面 Pt 位点量和表面位点总量。

表 5.7 所示利用半球模型对双金属 Pd-Pt 催化剂晶粒粒径的计算结果及相关物性参数。这里需要指出：第一，随着 Pt 元素负载量的上升，单质 Pt 晶粒中的 Pt 元素含量升高，合金晶粒中的 Pt 元素含量也同步升高，Pt 元素含量的升高促进了单质 Pt 晶粒的长大和合金晶粒中 Pt 核的长大；第二，核壳结构合金大晶粒的粒径不断增长，分别为 13.76nm（Pd$_1$Pt$_{0.5}$）、16.3nm（Pd$_1$Pt$_1$）和 25.2nm（Pd$_1$Pt$_2$）。

表 5.7　半球模型计算结果及相关晶粒参数

项目	Pd$_1$Pt$_{0.5}$	Pd$_1$Pt$_1$	Pd$_1$Pt$_2$
$S_{\text{Pt, iso}}$ /nm^2	1.486306686	2.312062782	5.77975071
k_{Pt} /(mol/nm^2)	2.07572×10^{-23}	2.07572×10^{-23}	2.07572×10^{-23}
$S_{\text{Pt, iso}} k_{\text{Pt}}$ /mol	3.08516×10^{-23}	4.7992×10^{-23}	1.19972×10^{-22}
$N_{\text{Pt, iso}}$ /g^{-1}	3.665×10^{17}	3.93449×10^{17}	4.74037×10^{17}
$n_{\text{Pt, Pt iso}}$ /(mol/g)	9.73291×10^{-6}	2.02719×10^{-5}	6.39514×10^{-5}
$n_{\text{Pt, Pt-Pd}}$ /(mol/g)	3.72725×10^{-5}	7.35339×10^{-5}	1.24×10^{-4}
Pd/Pt in alloy	2.521	1.278	0.757
$d_{\text{Pt-Pd}}$ /nm	13.76	16.3	25.2
合金分散度	0.081	0.069	0.046

　　以上是利用半球模型计算所得的合金大晶粒的粒径值及相关物性参数。半球模型实际上是对双金属催化剂的晶粒结构模型做进一步简化，并计算出对应的晶粒直径。但金属在形成晶体的过程中，都会形成与金属属性相适合的晶体类型及形状，下面利用十四面体模型再次计算合金晶粒的尺寸，以期用两种模型来共同证明合金晶粒的尺寸。

　　所利用的十四面体模型及相应的计算公式来自文献（Van Hardeveld et al., 1969）的第三章表面原子统计部分。对于规则形态的晶体晶粒（如图 5.18 所示），所有棱位置处的原子个数均相等，用 m 表示棱位置处的原子个数。十四面体晶体晶粒的粒径定义为与十四面体晶体体积相等的球体所对应的半径，用 d_{sph} 表示。实际上，对于这种晶体晶粒，晶粒尺寸与晶体内所包含元素的原子量成正比，元素的原子总量越多，晶粒尺寸越大；晶粒尺寸与晶体的分散度成反比，低分散度意味着内部原子较多，此时晶粒尺寸较大（Shao et al., 2011; Wang and Yamauchi., 2013; Yin et al., 2011; Hong et al., 2012; Zhang et al., 2011; Lee et al., 2012; Wu et al., 2012）。

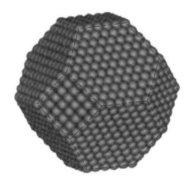

图 5.18　Pd-Pt 元素晶体晶面结构示意图

　　与半球模型相似，该模型的计算也需要将单质晶粒中所包含元素的物质的量和合金晶粒中所包含元素物质的量区分开来，因为如果能够获得合金晶粒中 Pd-Pt 元素物质的量，可通过元素物质的量与晶粒尺寸的对应关系来计算晶粒粒径。参考文献中直接给出了晶粒粒径与晶粒所包含元素物质的量的对应关系：

$$\frac{d_{sph}}{d_{at}} = d_{at}^{-1}\left(\frac{6}{\pi} \cdot n_{total}^{*} \cdot \left.V_{u}\middle/ n_{u}\right.\right)^{1/3} \tag{5.42}$$

其中，d_{at} 表示原子直径；n_{total}^{*} 表示单个晶体颗粒中的原子总量；V_{u} 代表晶胞体积；n_{u} 代表晶胞内所包含的原子总量。这里注意到，V_{u}/n_{u} 这个比值实际上是晶胞体积的一种表达方式，也可用晶胞内的原子直径表达：$\dfrac{d_{at}^{3}}{\sqrt{2}}$。这样上述公式可化简为

$$d_{sph}^{3} = \frac{6}{\pi} \cdot n_{total}^{*} \cdot \frac{d_{at}^{3}}{\sqrt{2}} \tag{5.43}$$

　　上述公式中，d_{at} 为定值，由元素性质决定，那么晶体颗粒的粒径就可直接与晶体内所包含的原子总量建立数量关系。单质 Pt 晶粒的粒径，所对应的元素总量可表达为

$$n_{\text{total}}^* = \left(\frac{d_{\text{sph}}}{d_{\text{at}}}\right)^3 \cdot \frac{\sqrt{2}\cdot\pi}{6} \tag{5.44}$$

对于每个给定的晶粒粒径，都可以计算出相应的晶粒内所包含的原子个数，但所给出的粒径可能是不规则的，所以计算出的原子数并不一定与模型对应的原子数相一致，规则模型计算出的原子数见表 5.8。$Pd_1Pt_{0.5}$ 催化剂中单质 Pt 晶粒所包含的原子个数为 32，Pd_1Pt_1 催化剂中单质 Pt 晶粒所包含的原子个数为 63，Pd_1Pt_2 催化剂中单质 Pt 晶粒所包含的原子个数为 249。这里取 $Pd_1Pt_{0.5}$ 催化剂中单质 Pt 晶粒的 $m=2$，取 Pd_1Pt_1 催化剂中单质 Pt 晶粒的 $m=2$，取 Pd_1Pt_2 催化剂中单质 Pt 晶粒的 $m=3$。这里对 $Pd_1Pt_{0.5}$ 和 Pd_1Pt_1 的单质 Pt 晶粒均取 $m=2$，是因为这两种催化剂中单质 Pt 晶粒所包含原子个数，和规则的 $m=2$ 的十四面体所包含的原子数最为相近，所以用规则的十四面体代表单质 Pt 晶粒；同时选取相同的 m 值，意味着在规范化晶体颗粒模型的时候将这两种单质 Pt 晶粒视作相同粒径的晶体颗粒。

表 5.8　规则十四面体模型的相关晶粒参数

M 值	N_{total}^*	N_{bulk}^*	N_{surf}^*
2	38	6	32
3	201	79	122
4	586	314	272
5	1289	807	482
$m>5$	$16m^3-33m^2+24m-6$	$16m^3-63m^2+84m-38$	$30m^2-60m+32$

注：N_{total}^*、N_{bulk}^* 和 N_{surf}^* 分别表示规则晶粒模型计算出的晶体颗粒总原子数量、内部原子数量和表面原子数量。

在获得双金属催化剂中单质 Pt 晶粒的 m 值后，可求得单质 Pt 晶粒的表面原子个数和内部原子个数，可求出单质晶粒的分散度。和半球模型的计算思路一样，需要将单质晶粒中的 Pt 元素量和合金晶粒中的 Pt 元素量分开，然后计算出合金晶粒中的元素总量，最终求得合金晶粒的 m 值与晶粒粒径。单质 Pt 晶粒所包含的原子总量等于载体表面单质 Pt 晶粒个数与每个晶粒所包含的原子数的乘积，单质晶粒的个数等于表面 Pt 总原子量与每个晶粒表面原子量的比值。单质晶粒中 Pt 总原子量的计算表达式为

$$n_{\text{Pt, Pt iso}} = \frac{n_{\text{surf Pt, norm}}}{N_{\text{surf}}^*} \cdot N_{\text{total}}^* \tag{5.45}$$

合金所具有 Pt 元素的含量等于 Pt 元素的总负载量与单质 Pt 晶粒中 Pt 元素含量的差值：

$$n_{\text{Pt, Pt-Pd}} = n_{\text{Pt, total}} - n_{\text{Pt, Pt iso}} \tag{5.46}$$

合金晶粒所包含的元素总量等于合金晶粒中的 Pt 元素量与 Pd 元素的负载总量之和（Pd 元素全部位于合金晶粒中）：

$$n_{\text{PtPd, total}} = n_{\text{Pt, Pt-Pd}} + n_{\text{Pd, total}} \tag{5.47}$$

合金晶粒的表面分散度可记为（核壳结构表面原子均为 Pd 原子）：

$$\text{Dispersion} = {n_{\text{surf Pd, norm}}} \Big/ {n_{\text{Pt-Pd, total}}} \tag{5.48}$$

以上公式各符号所代表意义：

d_{sph} 表示与十四面体晶体体积相等的球体所对应的半径；d_{at} 表示晶胞中的原子直径；n_{total}^* 表示单个晶体晶粒中的原子总量，实测晶粒半径与规则晶粒半径存在误差，故 n_{total}^* 与规则晶粒内的原子总量存在差异；N_{total}^* 和 N_{surf}^* 分别表示规则晶粒模型计算出的晶体晶粒总原子数量和表面原子数量；$n_{\text{Pt, Pt-Pd}}$、$n_{\text{Pt, Pt iso}}$ 和 $n_{\text{Pt, total}}$ 表示合金晶粒中 Pt 元素、单质晶粒中的 Pt 元素，以及 Pt 元素的总负载量；$n_{\text{Pt-Pd, total}}$ 表示合金中所包含的 Pt-Pd 元素物质的总量，$n_{\text{Pd, total}}$ 表示 Pd 元素的物质总量；$n_{\text{surf Pd, norm}}$、$n_{\text{surf Pt, norm}}$、$n_{\text{surf, total}}$ 表示表面 Pd 位点量、表面 Pt 位点量和表面位点总量。

至此可求得合金晶粒的表面分散度，将上述信息汇总在表 5.9 中。对比半球模型和十四面体模型所计算出的合金晶粒表面分散度，发现对每种双金属催化剂，二者数值高度契合。这一点可理解为十四面体模型向球形的逼近，使得十四面体模型和球形模型的计算值基本相当。

表 5.9 十四面体模型计算结果及相关晶粒参数

项目	Pd₁Pt₀.₅	Pd₁Pt₁	Pd₁Pt₂
n_{total}^*	32.42	62.89	248.58
m（单质 Pt）	2	2	3
$n_{\text{Pt, Pt iso}}$ /(mol/g)	1.34272×10^{-5}	2.24229×10^{-5}	6.20719×10^{-5}
$n_{\text{Pt, Pt-Pd}}$ /(mol/g)	3.35782×10^{-5}	7.13829×10^{-5}	0.000126052
$n_{\text{Pt-Pd, total}}$ /(mol/g)	0.000127545	0.00016535	0.000220019
合金分散度	0.084	0.069	0.044
Pd/Pt 原子比例	2.798	1.316	0.745

在求得合金晶粒的表面分散度后，继续计算该模型下的合金晶粒粒径。计算合金晶粒粒径同样需要找到该晶粒所对应的 m 值。这里利用表面分散度来寻找其对应晶粒的 m 值。将该模型的 m 值与晶粒分散度罗列在表 5.10 中以方便对比。

表 5.10 十四面体模型计算结果与标准模型的对照（20 < m < 43）

m 值	N_{total}^*	N_{bulk}^*	N_{surf}^*	表面分散度	
20	115274	104442	10832	0.093967	
21	134121	122119	12002	0.089486	
22	154918	141686	13232	0.085413	Pd₁Pt₀.₅
23	177761	163239	14522	0.081694	
24	202746	186874	15872	0.078285	
25	229969	212687	17282	0.075149	

续表

m 值	N_{total}^*	N_{bulk}^*	N_{surf}^*	表面分散度	
26	259526	240774	18752	0.072255	
27	291513	271231	20282	0.069575	Pd$_1$Pt$_1$
28	326026	304154	21872	0.067087	
29	363161	339639	23522	0.06477	
30	403014	377782	25232	0.062608	
31	445681	418679	27002	0.060586	
32	491258	462426	28832	0.05869	
33	539841	509119	30722	0.056909	
34	591526	558854	32672	0.055233	
35	646409	611727	34682	0.053653	
36	704586	667834	36752	0.052161	
37	766153	727271	38882	0.05075	
38	831206	790134	41072	0.049413	
39	899841	856519	43322	0.048144	
40	972154	926522	45632	0.046939	
41	1048241	1000239	48002	0.045793	
42	1128198	1077766	50432	0.044701	Pd$_1$Pt$_2$
43	1212121	1159199	52922	0.043661	

从表 5.10 中取 Pd$_1$Pt$_{0.5}$ 的 $m=22$，Pd$_1$Pt$_1$ 的 $m=27$，Pd$_1$Pt$_2$ 的 $m=42$，并取相应的 N_{total}^* 值。通过 N_{total}^* 与 d_{sph} 的对应关系，求得晶粒粒径：

$$d_{sph}^3 = \frac{6}{\pi} \cdot N_{total}^* \cdot \frac{d_{at}^3}{\sqrt{2}} \tag{5.49}$$

最终计算出合金晶粒的粒径：16.39nm（Pd$_1$Pt$_{0.5}$）、20.23nm（Pd$_1$Pt$_1$）、31.76nm（Pd$_1$Pt$_2$）。对比两种模型计算出的合金晶粒粒径，可知十四面体模型所计算出的晶粒粒径偏大。

上述两种模型具体哪个更贴近于实际，下面利用 EDS 测试结果进行对比。在三种催化剂中选取了晶粒粒径不同的合金晶粒，每个晶粒又对应不同的 Pd-Pt 元素组成，如图 5.19 所示为合金晶粒粒径与 Pd/Pt 元素比例的对应关系。同时将三种双金属催化剂经半球模型（圆圈标识）和十四面体模型（三角形标识）计算出的 Pd/Pt 比值与晶粒粒径的对应关系放入图中对比。从结果中可知，半球模型与实验数据有较好的契合，而十四面体模型所计算出的晶粒粒径偏大。

实际上，对比半球模型和十四面体模型可知，半球模型较为适合计算合金晶粒粒径。半球模型是将单质晶粒和合金晶粒以球体的形式展示，而十四面体模型是将单质晶粒和合金晶粒以十四面晶体模型展示，在该模型的计算中，主要寻找晶棱指数 m、晶体内原子总数、晶粒粒径之间的对应关系。在利用十四面体模型计算合金晶粒粒径中，通过原子总数寻找与晶粒粒径的对应关系来计算晶粒粒径，这是将二者的原子半径视作一致并进行计算的。虽然 Pd 和 Pt 在晶胞中的平均原子半径相近，但依然存在一定的差值，这最终也导致十四面体晶面模型在计算结果上产生误差。

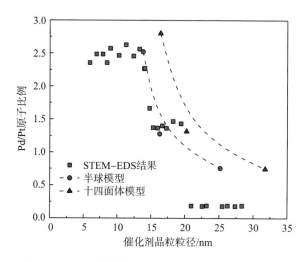

图 5.19 合金晶粒粒径与 Pd/Pt 原子比例的对应关系

以上分析认为半球模型更适合双金属催化剂的结构分析，下面将双金属催化剂模型中
的单质晶粒和合金大晶粒均以半球模型计算结果进行展示，以对比晶粒尺寸的变化趋势。
图 5.20 所示为半球模型计算所得的单质晶粒和合金大晶粒随 Pd/Pt 负载比例的变化趋势。
从图中可以看出，随着 Pt 负载比例的升高，单质晶粒和合金晶粒的粒径均有所升高，但
合金晶粒的粒径生长速度要远快于单质晶粒。晶粒粒径的生长与 Pt 元素的流向存在一定
关系，但并不是决定性关系。对合金晶粒，更多的 Pt 元素注入使得核壳结构中的 Pt 核不
断长大，进而促使合金晶粒粒径增大，同时由于 Pd 元素被定量，载体表面并不会因为 Pt
元素大量增加而生成更多的合金晶粒，因此流向合金的 Pt 元素主要注入 Pt 核中。而流向
单质晶粒中的 Pt 元素一部分与原有单质晶粒重组并形成大晶粒，另一部分则在载体表面
建立更多的单质 Pt 晶粒或以原子态的形式散布，这就使得单质晶粒的粒径均值增长幅度
明显小于合金晶粒。虽然单质晶粒的粒径总体上在上升，但由于载体表面同时新建了更多
的小晶粒，降低了单质晶粒群粒径均值的增长速度，所以呈现出图中所示情形。

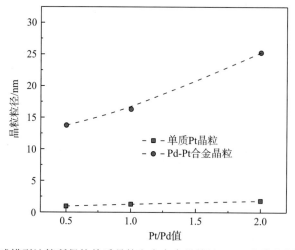

图 5.20 半球模型计算所得的单质晶粒和合金大晶粒随 Pd/Pt 负载比例的变化趋势

本节主要是通过半球模型和十四面体模型计算核壳结构合金晶粒的粒径，至此催化剂晶粒模型中对应的单质 Pt 晶粒和核壳结构合金大晶粒的粒径都已知晓，催化剂的结构特点已基本掌握，下面继续寻找在合金大晶粒表面真实位点的催化反应速率。

5.5　Pd-Pt 催化剂各表面位点的真实反应活性及其动力学特性

在利用红外光谱研究的章节中，进行了催化剂表面的 Pd-Pt 反应位点的区分，并将高氧压力条件（$P_{O_2}>20\text{kPa}$）的甲烷催化反应活性归并到 Pd 活性位点上，得出在高氧压力条件（$P_{O_2}>20\text{kPa}$）双金属催化剂的真实位点反应速率。经红外光谱方法对催化活性位点区分后，双金属催化剂的真实位点反应速率基本趋于一致，且明显高于单金属催化剂的催化活性。但是双金属催化剂的真实位点反应速率并不是完全相同，这里的原因并非在催化剂的模型简化上，而是由催化剂的氧化程度引起。随着 Pt 负载量的增加（$Pd_1Pt_{0.5} \rightarrow Pd_1Pt_2$），发现 Pd 元素的氧化程度有所下降，进而导致 Pd 的位点反应速率下降。下面利用动力学的研究方法，区分双金属催化剂的表面活性位点，并将催化剂在高氧压力条件的催化反应活性归并到真实催化位点 Pd 位点上，以验证动力学方法和红外光谱方法对双金属催化剂表面活性位点区分的共性和差异性。

图 5.21 所示为甲烷在双金属 Pd-Pt 催化剂上的催化反应数据，纵坐标表示催化反应的一阶速率系数（以对数坐标表示），横坐标为温度的倒数。高氧压力条件，反应温度为 500℃，甲烷压力控制在 1kPa，氧气压力控制在 20kPa，氮气平衡。图 5.21（a）是将总催化反应速率计算到全表面位点上的结果（由化学吸附测得总表面位点量），图 5.21（b）图是将总反应速率归并到真实催化位点 Pd 位点上的计算结果。图 5.21（a）的结果显示 $Pd_1Pt_{0.5}$ 具有最高的位点转化率，其次是单金属 Pd 催化剂，Pd_1Pt_1 催化剂和 Pd_1Pt_2 催化剂的位点反应速率较低。图 5.21（b）图的结果显示三种双金属催化剂的真实位点反应速率快速接近，$Pd_1Pt_{0.5}$ 催化剂依然保持最高的位点反应速率，其次是 Pd_1Pt_1 催化剂和 Pd_1Pt_2 催化剂，而单金属 Pd 催化剂的位点反应速率降至最低，这一点与红外光谱方法的拟合结果基本吻合。

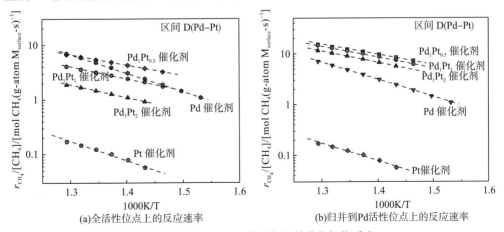

图 5.21　甲烷在 Pd-Pt 催化剂上的催化氧化反应

注：甲烷压力 1kPa，氧气压力 20kPa。

　　需要强调的是这里实验给出的反应条件是在合金晶粒的全氧化态反应区间［即区间 D(Pd-Pt)］，氧分压大于 10kPa，不是部分氧化区间［即区间 C(Pd-Pt)］，部分氧化区间的氧分压为 1～10kPa。

　　图 5.21 从(a)图到(b)图，也就是从全位点反应速率到真实位点反应速率的转变中，在数学计算上的差别集中于总反应速率与位点的比值，而不论位点量怎么改变，从数学上可知，(a)图和(b)图的斜率是不会发生变化的，在此，斜率即代表反应的活化能垒。表 5.11 表示各 Pd-Pt 催化剂在高氧压力条件下［区间 D(Pd-Pt)］的活化能垒，从中可以看出双金属催化剂的反应能垒普遍较低，维持在 40kJ/mol 左右，而单金属 Pd 或 Pt 催化剂的活化能垒则明显高于双金属催化剂，活化能垒均在 60kJ/mol 以上。因此，就反应能垒而言，合金晶粒的催化反应活性要高于单金属催化剂。

表 5.11　各 Pd-Pt 催化剂在高氧压力(P_{O_2} >20kPa)条件下［区间 D(Pd-Pt)］的活化能垒

样品	Pd$_1$Pt$_{0.5}$	Pd$_1$Pt$_1$	Pd$_1$Pt$_2$	Pd	Pt
Ea/(kJ/mol)	35.6	41.4	42.8	65.97	62.36

　　图 5.22 展示了 Pd-Pt 催化剂反应一阶速率系数随 Pt/Pd 负载比例的变化关系，反应条件为 1kPa CH$_4$，20kPa O$_2$，N$_2$ 平衡，125mL/min 的总流速，500℃反应。从图中可以看出，催化反应的一阶速率系数随 Pt/Pd 的负载比例呈现先上升后下降的趋势，没有 Pt 元素时的催化活性最低，Pt/Pd 负载比例等于 0.5 时的催化反应活性最高，继续增加负载量并不利于促进催化活性上升，相反更多的 Pt 元素造成了催化活性的下降，这主要是因为 Pt 元素对 Pd 元素产生了一定的还原作用，使得 Pd 元素的氧化程度下降，最终降低催化反应活性。通过对比 Pt/Pd 的负载比例和催化活性的关系，可得出在双金属催化剂的设计中，不应该盲目地添加某种元素，需要针对承担主要催化活性的反应位点的需求来改变元素的负载比例，同时需要弄清楚催化剂的结构以确定真实反应位点。就双金属 Pd-Pt 催化剂对甲烷的催化氧化反应而言，Pt 元素对 Pd 元素的催化作用有明显的促进，但 Pt 元素不宜过多，在催化剂体系中，Pt 元素的量"点到为止"。

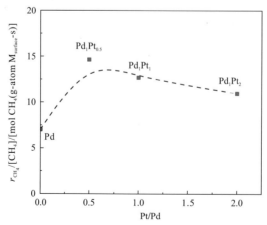

图 5.22　Pd-Pt 催化剂反应一阶速率系数随 Pt/Pd 负载比例的变化关系
(1kPa CH$_2$，20kPa O$_2$，N$_2$ 平衡，125mL/min 的总流速，500℃反应)

以上介绍了甲烷在双金属 Pd-Pt 催化剂的高氧压力条件下的催化氧化活性,并通过动力学位点区分的方法,将甲烷催化氧化活性归并在真实催化位点 Pd 位点上;同时利用催化反应一阶速率系数,探讨了催化活性随 Pt/Pd 负载比例的变化关系。

5.6　本 章 小 结

本章从甲烷在双金属 Pt-Pd 催化剂上的催化反应动力学入手,在低氧反应区间,利用催化反应对晶粒粒径的无关性判断 Pd 和 Pt 两种元素的表面催化位点量,经改变反应条件后,利用催化反应晶粒粒径的相关性拟合出单质晶粒粒径;接下来通过半球模型和十四面体模型来计算合金晶粒粒径,并与红外光谱研究对晶粒粒径的判断作对比,以评价两种模型的合理性;最后利用动力学位点区分结果,将甲烷在高氧压力条件下($P_{O_2}>20$kPa)的催化氧化反应计算在真实催化位点 Pd 位点上,以论证 Pt/Pd 负载比例与催化活性的对应关系。

然后论述了甲烷在单金属 Pt 催化剂晶粒上的催化反应及动力学特性。研究从合成不同晶粒粒径的 Pt 催化剂开始,分析了甲烷在 Pt 全区间的催化反应一般特性,揭示了在不同氧烷比下的催化反应区间及其反应机理,重点论述了催化反应对晶粒粒径的相关性。以下是本章小结:

(1)金属 Pt 元素的氧化主要在表面原子上进行,而氧原子对 Pt 原子的吸附与覆盖可对 Pt 的催化活性产生强烈的抑制作用。当所处的反应条件导致氧未覆盖 Pt 表面原子时[低氧反应区间,区间 A(Pd-Pt),金属态 Pt 表面],催化反应活性由氧分压控速,同时表现出与晶粒粒径的无关性,那么可利用总催化反应速率与位点反应速率的比值计算出催化表面位点数量。

(2)当氧原子在金属表面呈现部分氧化状态时(部分 Pt 表面位点被氧占据),甲烷分压开始对催化反应产生影响,这里甲烷在金属表面的活化是与 Pt 原子的位置相关的,也就是说反应 B 区间[低氧反应区间,区间 B(Pd-Pt)]存在晶粒粒径对催化反应活性的相关性。利用甲烷在 Pt 元素上的反应速率常数与晶粒粒径的数量关系,可找到相对应的单质 Pt 晶粒粒径。

(3)经动力学方法找到双金属催化剂表面 Pt 位点和单质 Pt 晶粒粒径后,利用半球模型和十四面体模型,可计算出单质 Pt 晶粒内所包含的 Pt 原子量,进而用总负载原子量减去单质 Pt 晶粒中的原子量,便可计算出合金晶粒中所包含的元素总量;另一方面利用表面总反应位点量和 Pt 位点量可计算出 Pd 表面位点数量,至此获得了合金晶粒的表面分散度。对于规则结构晶体,晶粒粒径一定是与体积、分散度、所包含原子总数成一一对应的数量关系,故可求得相应的合金晶粒粒径。将晶粒粒径分布与 STEM-EDS 观测结果对比,可知半球模型对晶粒粒径的计算最为契合。

(4)在高氧压力条件下,反应主要由 Pd 元素承担,Pt 的催化活性被氧覆盖后完全抑制。将甲烷在高氧压力条件下的总催化反应速率归并到真实催化位点 Pd 位点上,可得甲烷在合金表面 Pd 位点上的反应速率;对比三种不同负载比例的双金属催化剂,Pt 对 Pd

元素的促进作用基本相等，但 Pt 元素的过多负载会使 Pd 的催化反应活性有一定程度的下降。

(5) 双金属催化剂的晶粒模型是单质 Pt 晶粒和核壳结构合金大晶粒共存于载体表面，在红外章节中利用光谱的方法证明了该结构存在的合理性，利用动力学方法，分析了单质 Pt 晶粒和核壳结构合金大晶粒各自的晶粒粒径均值、元素比例与晶粒粒径的对应关系、催化反应与单质 Pt 晶粒粒径的对应关系、催化反应与合金元素比例的对应关系，以及真实位点反应速率的区分度。此外通过红外光谱和电镜等方法对催化剂模型进行佐证，与动力学结果相吻合，最终通过反应动力学和光谱、电镜、化学吸附等技术，共同证明了双金属催化剂模型的正确性和科学性。

(6) 提升 Pt 晶粒的焙烧与还原温度可促进 Pt 晶粒的生长，高温下由于金属的熔融特性，小晶粒会聚团融合形成大晶粒。550℃时 Pt 晶粒粒径在 2.28nm，650℃时 Pt 晶粒粒径在 6.63nm，在这个温度区间，Pt 晶粒粒径以乘幂形式快速上升，该区间为 Pt 晶粒成型最适区间。当温度继续升高，Pt 晶粒生长减慢。

(7) 随着氧分压降低，金属 Pt 催化剂对甲烷的催化反应展现出三个反应区间：氧全覆盖反应区间 C(Pt)（反应由 C—H 键的活化限速，总反应速率与甲烷分压成正比）、氧部分覆盖反应区间 B(Pt)（反应由 C—H 键活化与氧吸附共同限速，总反应速率与氧烷比成反比）、金属位点反应区间 A(Pt)（反应由氧在金属表面的吸附限速，总反应速率与氧分压成正比）。

(8) 氧全覆盖反应区间 C(Pt)：该反应区间表现为氧在金属表面的全覆盖，由于没有金属位点，此时 C—H 的活化受到严重抑制，整体催化活性保持在较低水平。催化活性由 C—H 键的活化进程控制，即由甲烷分压控制。氧及其同位素在该区间几乎没有同位素效应，而 CH_4 与 CD_4 在该区间的同位素效应可达到 1.4，具有明显同位素效应。

(9) 氧部分覆盖反应区间 B(Pt)：该反应区间表现为氧在金属表面的半覆盖，Pt 表面出现氧化态与金属态两种活性位点参与催化反应。金属态活性位点利于 C—H 键的活化，故该区间呈现了催化反应速率与氧烷比成反比的数量关系。同时由于 C—H 键的活化在催化反应中发挥作用，故该区间内出现了 Pt 晶粒粒径对反应活性的相关性，即大晶粒表面反应速率快而小晶粒表面速率慢，该特性为下文的双金属催化剂晶粒粒径确定提供基础。最后 CH_4 与 CD_4 的氧化反应在该区间的同位素效应可达到 4.6，明显高于区间 C(Pt)。

(10) 金属位点反应区间 A(Pt)：该反应区间表现为金属表面全裸露，未被氧覆盖状态。该区间表现为氧在金属表面的吸附控速，此时 C—H 键的活化速率大于表面氧的生成速率，同时由于氧吸附控速，总反应速率表现出晶粒粒径对催化反应的无关性，该特性为下文双金属催化剂的活性位点评价提供理论基础。最后该区间由于不受 C—H 活化的影响，CH_4-O_2、CD_4-O_2、CO-O_2 三种氧化反应均表现出仅与氧分压有关的性质，且该区间内的催化反应无关性同样不受温度效应的影响。

参 考 文 献

布达 M, 吉加-姆阿达苏 G, 1988. 多相催化反应动力学[M]. 高滋, 等译. 上海: 复旦大学出版社.

蔡万大, 2009. 低浓度甲烷催化燃烧实验研究[D]. 合肥: 中国科学技术大学.

陈玉娟, 2014. 低浓度甲烷催化燃烧 Cu 基催化剂的制备及其性能研究[D]. 太原: 太原理工大学.

丁春玲, 2017. 过渡金属催化剂上甲烷催化燃烧的密度泛函研究[D]. 重庆: 重庆大学.

范传凤, 2016. 钯系甲烷燃烧催化剂的制备及其性能研究[D]. 徐州: 中国矿业大学.

耿豪杰, 2018. 核壳结构 Pd-Pt 双金属催化剂对甲烷催化氧化特性的影响及活性位点研究[D]. 重庆: 重庆大学.

耿豪杰, 杜学森, 张力, 等, 2016. CH_4 在 Cu/γ-Al_2O_3 颗粒上催化燃烧分区及反应特性[J]. 工程热物理学报, 4: 790-795.

刘建军, 2015. Cu/γ-Al_2O_3 催化含硫低浓度甲烷燃烧特性实验研究[D]. 重庆: 重庆大学.

卢泽湘, 吴平易, 2008. Pt/SBA-15、Pt/SBA-16 催化剂的合成、表征及甲烷催化燃烧性能[J]. 分子催化, 4: 368-373.

马盟, 2007. 微通道内甲烷催化燃烧的数值模拟研究[D]. 重庆: 重庆大学.

祁文杰, 2017. 微通道内铂钯催化剂上甲烷燃烧反应动力学特性及机理研究[D]. 重庆: 重庆大学.

任伟光, 2016. 低浓度甲烷催化剂颗粒气固流化态的磨损特性研究[D]. 重庆: 重庆大学.

孙志伟, 2012. 微细通道内甲烷催化部分氧化特性的数值研究[D]. 重庆: 重庆大学.

王军威, 田志坚, 徐金光, 2003. 甲烷高温燃烧催化剂研究进展[J]. 化学进展, 3: 242-248.

王蕊蕊, 2016. 微细通道内甲烷/湿空气催化燃烧特性及机理的量子化学研究[D]. 重庆: 重庆大学.

谢江浩, 2017. 微细通道内甲烷预混火焰自由基分布的实验及数值模拟研究[D]. 重庆: 重庆大学.

杨仲卿, 2011. 超低浓度甲烷在流化床中催化燃烧及动力学特性研究[D]. 重庆: 重庆大学.

杨仲卿, 耿豪杰, 张力, 等, 2014. 水蒸气作用下低浓度甲烷 Cu/γ-Al_2O_3 催化燃烧特性[J]. 工程热物理学报, 35: 1015-1019.

杨仲卿, 郭名女, 耿豪杰, 等, 2013. 页岩气燃烧器燃烧特性的数值模拟[J]. 天然气工业, 33(7): 113-117.

杨鹏, 2016. 超低浓度甲烷流态化燃烧反应模型的建立及实验验证[D]. 重庆: 重庆大学.

赵炳坤, 2008. 氧原子、甲氧基和乙氧基在 Rh(111) 表面吸附的密度泛函研究[D]. 天津: 天津大学.

赵雪林, 2014. 密闭管道内低浓度甲烷着火及火焰传播特性实验研究[D]. 重庆: 重庆大学.

张俊广, 2012. 超低浓度煤层气在 Cu/γ-Al_2O_3 催化颗粒流态化床内的燃烧实验研究[D]. 重庆: 重庆大学.

郑世伟, 2013. SO_2 及水蒸气对超低浓度甲烷 Cu/γ-Al_2O_3 催化燃烧特性的影响[D]. 重庆: 重庆大学.

Abbasi R, Wu L, Wanke S E, et al., 2012. Kinetics of methane combustion over Pt and Pt-Pd catalysts[J]. Chemical Engineering Research and Design, 90(11): 1930-1942.

Ahlström-Silversand A F, Odenbrand C U I, 1997. Combustion of methane over a Pd-Al_2O_3-SiO_2 catalyst, catalyst activity and stability[J]. Applied Catalysis A: General, 153(1): 157-175.

Ahuja O P, Mathur G P, 1967. Kinetics of catalytic oxidation of methane: Application of initial rate technique for mechanism determination[J]. The Canadian Journal of Chemical Engineering, 45(6): 367-371.

Al-Aani H S, Iro E, Chirra P, et al., 2019. Cuxcemgalo mixed oxide catalysts derived from multicationic ldh precursors for methane total oxidation[J]. Applied Catalysis a-General, 586.

Almeida A R, Moulijn J A, Mul G, 2011. Photocatalytic Oxidation of Cyclohexane over TiO_2: Evidence for a Mars− van Krevelen

Mechanism[J]. The Journal of Physical Chemistry C, 115(4): 1330-1338.

Amandusson H, Ekedahl L G, Dannetun H, 2001. Alcohol dehydrogenation over Pd versus PdAg membranes[J]. Applied Catalysis A: General, 217(1): 157-164.

Anenberg S C, Schwart J Z, Shindell D, et al., 2012. Global air quality and health co-benefits of mitigating near-term climate change through methane and black carbon emission controls[J]. Environmental Health Perspectives, 120(6): 831-839.

Arandiyan H, Chang H Z, Liu C X, et al., 2013. Dextrose-aided hydrothermal preparation with large surface area on 1D single-crystalline perovskite $La_{0.5}Sr_{0.5}CoO_3$ nanowires without template: Highly catalytic activity for methane combustion[J]. Journal of Molecular Catalysis a-Chemical, 378: 299-306.

Aryafar M, Zaera F, 1997. Kinetic study of the catalytic oxidation of alkanes over nickel, palladium, and platinum foils[J]. Catalysis Letters, 48(3): 173-183.

Au-Yeung J, Bell A T, Iglesia E, 1999. The dynamics of oxygen exchange with zirconia-supported PdO[J]. Journal of Catalysis, 185(1): 213-218.

Au-Yeung J, Chen K, Bell A T, et al., 1999. Isotopic studies of methane oxidation pathways on PdO catalysts[J]. Journal of Catalysis, 188(1): 132-139.

Baldwin T R, Burch R, 1990. Catalytic combustion of methane over supported palladium catalysts: I. Alumina supported catalysts[J]. Applied catalysis, 66(1): 337-358.

Banerjee R, Proshlyakov Y, Lipscomb J D, et al., 2015. Structure of the key species in the enzymatic oxidation of methane to methanol[J]. Nature, 518(7539): 431.

Bastviken D, Tranvik L J, Downing J A, et al., 2011. Freshwater methane emissions offset the continental carbon sink[J]. Science, 331(6013): 50-50.

Bi Y, Lu G, 2003. Catalytic CO oxidation over palladium supported NaZSM-5 catalysts[J]. Applied Catalysis B: Environmental, 41(3): 279-286.

Bird R J, Swift P, 1980. Energy calibration in electron spectroscopy and the re-determination of some reference electron binding energies[J]. Journal of Electron Spectroscopy and Related Phenomena, 21(3): 227-240.

Bogdanovic N, 1991. Structural analysis of a novel C-stabilized Mg-Pd-alloy[J]. Journal Less Common Metal, 169: 369-373.

Bönnemann H, Richards R M, 2001. Nanoscopic metal particles-synthetic methods and potential applications[J]. European Journal of Inorganic Chemistry, 2001(10): 2455-2480.

Bosko M L, Munera J F, Lombardo E A, et al., 2010. Dry reforming of methane in membrane reactors using Pd and Pd–Ag composite membranes on a NaA zeolite modified porous stainless steel support[J]. Journal of Membrane Science, 364(1): 17-26.

Broqvist P, Panas I, Persson H, 2002. A DFT study on CO oxidation over Co_3O_4[J]. Journal of Catalysis, 210(1): 198-206.

Bunnik B S, Kramer G J, 2006. Energetics of methane dissociative adsorption on Rh(111) from dft calculations[J]. Journal of Catalysis, 242(2): 309-318.

Burch R, Loader P K, 1994. Investigation of Pt/Al_2O_3 and Pd/Al_2O_3 catalysts for the combustion of methane at low concentrations[J]. Applied Catalysis B: Environmental, 5(1): 149-164.

Burch R, Urbano F J, Loader P K, 1995. Methane combustion over palladium catalysts: the effect of carbon dioxide and water on activity[J]. Applied Catalysis A: General, 123(1): 173-184.

Calle-Vallejo F, Tymoczko J, Colic V, et al., 2015. Finding optimal surface sites on heterogeneous catalysts by counting nearest neighbors[J]. Science, 350(6257): 185-189.

Campbell C T, Shi S K, White J M, 1979. The Langmuir-Hinshelwood reaction between oxygen and CO on Rh[J]. Applications of Surface Science, 2(3): 382-396.

Chenakin S P, Melaet G, Szukiewicz R, et al., 2014. XPS study of the surface chemical state of a Pd/(SiO$_2$+TiO$_2$) catalyst after methane oxidation and SO$_2$ treatment[J]. Journal of Catalysis, 312: 1-11.

Cheung K, Klassen P, Mayer B, et al., 2010. Major ion and isotope geochemistry of fluids and gases from coalbed methane and shallow groundwater wells in Alberta, Canada[J]. Applied Geochemistry, 25: 1307-1329.

Chin Y C, King D L, Roh H S, et al., 2006. Structure and reactivity investigations on supported bimetallic Au-Ni catalysts used for hydrocarbon steam reforming[J]. Journal of Catalysis, 244: 153-162.

Chin Y H, 2011. Kinetic Consequences of Chemisorbed Oxygen Atoms during Methane Oxidation on Group VIII Metal Clusters[D]. University of California, Berkeley.

Chin Y H, García-Diéguez M, Iglesia E, 2016. Dynamics and Thermodynamics of Pd-PdO Phase Transitions: Effects of Pd Cluster Size and Kinetic Implications for Catalytic Methane Combustion[J]. The Journal of Physical Chemistry C, 120: 1446-1460.

Chin Y H, Iglesia E, 2011. Elementary steps, the role of chemisorbed oxygen, and the effects of cluster size in catalytic CH$_4$-O$_2$ reactions on palladium[J]. The Journal of Physical Chemistry C, 115(36): 17845-17855.

Chin Y H, Buda C, Neurock M, et al., 2011. Reactivity of chemisorbed oxygen atoms and their catalytic consequences during CH$_4$-O$_2$ catalysis on supported Pt clusters[J]. Journal of the American Chemical Society, 133(40): 15958-15978.

Cimino S, Lisi L, Russo G, et al., 2010. Effect of partial substitution of Rh catalysts with Pt or Pd during the partial oxidation of methane in the presence of sulphur[J]. Catalysis Today, 154(3): 283-292.

Ciuparu D, Pfefferle L, 2001. Support and water effects on palladium based methane combustion catalysts[J]. Applied Catalysis A: General, 209(1): 415-428.

Ciuparu D, Pfefferle L, 2002. Contributions of lattice oxygen to the overall oxygen balance during methane combustion over PdO-based catalysts[J]. Catalysis Today, 77(3): 167-179.

Ciuparu D, Lyubovsky M R, Altman E, et al., 2002. Catalytic combustion of methane over palladium-based catalysts[J]. Catalysis Reviews, 44(4): 593-649.

Colussi S, de Leitenburg C, Dolcetti G, et al., 2004. The role of rare earth oxides as promoters and stabilizers in combustion catalysts[J]. Journal of Alloys and Compounds, 374(1): 387-392.

Coq B, Figueras F, 2001. Bimetallic palladium catalysts: influence of the co-metal on the catalyst performance[J]. Journal of Molecular Catalysis A: Chemical, 173(1): 117-134.

Cremer E, 1955. The compensation effect in heterogeneous catalysis[J]. Advances in Catalysis, 7: 75-91.

Cui C H, Li H H, Yu S H, 2010. A general approach to electrochemical deposition of high quality free-standing noble metal (Pd, Pt, Au, Ag) sub-micron tubes composed of nanoparticles in polar aprotic solvent[J]. Chemical Communications, 46: 940-942.

Cullis C F, Willatt B M, 1983. Oxidation of methane over supported precious metal catalysts[J]. Journal of Catalysis, 83(2): 267-285.

Dagle R A, Chin Y H, Wang Y, 2007. The effects of PdZn crystallite size on methanol steam reforming[J]. Topics in Catalysis, 46(3-4): 358-362.

Datye A K, Bravo J, Nelson T R, et al., 2000. Catalyst microstructure and methane oxidation reactivity during the Pd$\leftrightarrow$PdO transformation on alumina supports[J]. Applied Catalysis A: General, 198(1): 179-196.

Dellwig T, Hartmann J, Libuda J, et al., 2000. Complex model catalysts under UHV and high pressure conditions: CO adsorption and oxidation on alumina-supported Pd particles[J]. Journal of Molecular Catalysis A: Chemical, 162: 51-66.

Demoulin O, Navez M, Gaigneaux E M, et al., 2003. Operando resonance Raman spectroscopic characterisation of the oxidation state of palladium in Pd/γ-Al$_2$O$_3$ catalysts during the combustion of methane[J]. Physical Chemistry Chemical Physics, 5(20): 4394-4401.

Denton A R, Ashcroft N W, 1991. Vegard's law[J]. Physical Review A, 43(6): 3161.

Devener B V, Anderson S L, Shimizu T, et al., 2009. In situ generation of Pd/PdO nanoparticle methane combustion catalyst: Correlation of particle surface chemistry with ignition[J]. The Journal of Physical Chemistry C, 113(48): 20632-20639.

Dianat A, Seriani N, Ciacchi L C, et al., 2009. Dissociative Adsorption of Methane on Surface Oxide Structures of Pd-Pt Alloys[J]. The Journal of Physical Chemistry C, 113(50): 21097-21105.

Enache D I, Edwards J K, Landon P, et al., 2006. Solvent-Free Oxidation of Primary Alcohols to Aldehydes Using Au-Pd/TiO$_2$ Catalysts[J]. Science, 311(1-2): 362-365.

Ersson A G, Johansson E M, Järås S G, 1998. Techniques for preparation of manganese-substituted lanthanum hexaaluminates[J]. Studies in Surface Science and Catalysis, 118: 601-608.

Ersson A, Kušar H, Carroni R, et al., 2003. Catalytic combustion of methane over bimetallic catalysts a comparison between a novel annular reactor and a high-pressure reactor[J]. Catalysis Today, 83(1): 265-277.

Ettwig K F, Butler M K, Le Paslier D, et al., 2010. Nitrite-driven anaerobic methane oxidation by oxygenic bacteria[J]. Nature, 464, 543-548.

Ewbank J L, Kovarik L, Kenvin C C, et al., 2014. Effect of preparation methods on the performance of Co/Al$_2$O$_3$ catalysts for dry reforming of methane[J]. Green Chemistry, 16(2): 885-896.

Fan X, Kang S J, Li J, et al., 2018. Formation of nitrogen oxides (N_2O, NO, and NO_2) in typical plasma and plasma-catalytic processes for air pollution control[J]. Water Air and Soil Pollution, 229(11).

Farrauto R J, Lampert J K, Hobson M C, et al., 1995. Thermal decomposition and reformation of PdO catalysts; support effects[J]. Applied Catalysis B: Environmental, 6(3): 263-270.

Feng D, Gu Z Y, Li J R, et al., 2012. Zirconium-metalloporphyrin PCN-222: mesoporous metal–organic frameworks with ultrahigh stability as biomimetic catalysts, Angewandte Chemie International Edition, 51: 10307-10310.

Firth J G, Holland H B, 1969. Catalytic oxidation of methane over noble metals[J]. Transactions of the Faraday Society, 65: 1121-1127.

Fujimoto K, Ribeiro F H, Avalos-Borja M, et al., 1998. Structure and reactivity of PdO$_x$/ZrO$_2$ catalysts for methane oxidation at low temperatures[J]. Journal of Catalysis, 179(2): 431-442.

Gancarczyk A, Iwaniszyn M, Piatek M, et al., 2018. Catalytic combustion of low-concentration methane on structured catalyst supports[J]. Industrial & Engineering Chemistry Research, 57(31): 10281-10291.

Gao D, Zhang C, Wang S, et al., 2008. Catalytic activity of Pd/Al$_2$O$_3$ toward the combustion of methane[J]. Catalysis Communications, 9(15): 2583-2587.

Gao F, McClure S M, Cai Y, et al., 2009. CO oxidation trends on Pt-group metals from ultrahigh vacuum to near atmospheric pressures: A combined in situ PM-IRAS and reaction kinetics study[J]. Surface Science, 603(1): 65-70.

Garbowski E, Feumi-Jantou C, Mouaddib N, et al., 1994. Catalytic combustion of methane over palladium supported on alumina catalysts: Evidence for reconstruction of particles[J]. Applied Catalysis A: General, 109(2): 277-291.

Gelin P, Urfels L, Primet M, et al., 2003. Complete oxidation of methane at low temperature over Pt and Pd catalysts for the abatement of lean-burn natural gas fuelled vehicles emissions: influence of water and sulphur containing compounds[J]. Catalysis

Today, 83(1): 45-57.

Geng H, Yang Z, Ran J, et al., 2015. Low-concentration methane combustion over a Cu/γ-Al$_2$O$_3$ catalyst: Effects of water[J]. RSC Advances, 5(24): 18915-18921.

Geng H, Yang Z, Zhang L, et al., 2015. Experimental and kinetic study of methane combustion with water over copper catalyst at low-temperature[J]. Energy Conversion and Management, 103: 244-250.

Geng H, Yang Z, Zhang L, et al., 2016. Effects of O$_2$/CH$_4$ ratio on methane catalytic combustion over Cu/γ-Al$_2$O$_3$ particles[J]. International Journal of Hydrogen Energy, 41(40): 18282-18290.

Giezen J C, Berg F R, Kleinen J L, et al., 1999. The effect of water on the activity of supported palladium catalysts in the catalytic combustion of methane[J]. Catalysis Today. 47: 287-293.

Gremminger A T, de Carvalho H P, Popescu R, et al., 2015. Influence of gas composition on activity and durability of bimetallic Pd-Pt/Al$_2$O$_3$ catalysts for total oxidation of methane[J]. Catalysis Today, 258: 470-480.

Groppi G, 2003. Combustion of CH$_4$ over a PdO/ZrO$_2$ catalyst: an example of kinetic study under severe conditions[J]. Catalysis today, 77(4): 335-346.

Groppi G, Cristiani C, Lietti L, et al., 1999. Effect of ceria on palladium supported catalysts for high temperature combustion of CH$_4$ under lean conditions[J]. Catalysis Today, 50(2): 399-412.

Groß A, 2006. Reactivity of bimetallic systems studied from first principles[J]. Topics in Catalysis, 37(1): 29-39.

Guo S, Zhang S, Su D, et al., 2013. Seed-mediated synthesis of core/shell FePtM/FePt(M=Pd, Au)nanowires and their electrocatalysis for oxygen reduction reaction[J]. Journal of the American Chemical Society, 135: 13879-13884.

Guo T, Nie X, Du J, et al., 2019. 2D feather-shaped alumina slice as efficient Pd catalyst support for oxidation reaction of the low-concentration methane[J]. Chemical Engineering Journal, 361: 1345-1351.

Han W, Carpenter J, Wang J, et al., 2012. Atomic-level study of twin nucleation from face-centered-cubic/body-centered-cubic interfaces in nanolamellar composites[J]. Applied Physics Letters, 100(1): 011911.

He J, Yang Z Q, Ding C L, et al., 2018. Methane dehydrogenation and oxidation process over Ni-based bimetallic catalysts[J]. Fuel, 226: 400-409.

Hendriksen B M, Bobaru S C, Frenken J M, 2004. Oscillatory CO oxidation on Pd (100) studied with in situ scanning tunneling microscopy[J]. Surface Science, 552(1): 229-242.

Holm E A, Olmsted D L, Foiles S M, 2010. Comparing grain boundary energies in face-centered cubic metals: Al, Au, Cu and Ni[J]. Scripta Materialia, 63(9): 905-908.

Hong J W, Kang S W, Choi B S, et al., 2012. Controlled synthesis of Pd–Pt alloy hollow nanostructures with enhanced catalytic activities for oxygen reduction[J]. ACS nano, 6: 2410-2419.

Horvath E, Baan K, Varga E, et al., 2017. Dry reforming of CH$_4$ on Co/Al$_2$O$_3$ catalysts reduced at different temperatures[J]. Catalysis Today, 281: 233-240.

Houshiar M, Zebhi F, Razi Z J, et al., 2014. Synthesis of cobalt ferrite (CoFe$_2$O$_4$) nanoparticles using combustion, coprecipitation, and precipitation methods: A comparison study of size, structural, and magnetic properties[J]. Journal of Magnetism and Magnetic Materials, (371): 43-48.

Howarth R W, Santoro R, Ingraffea A, et al., 2011. Methane and the greenhouse-gas footprint of natural gas from shale formations[J]. Climatic change, 106(4): 679.

Huang W, Zha W W, Zhao D L, et al., 2019. The effect of active oxygen species in nano-ZnCr$_2$O$_4$ spinel oxides for methane catalytic combustion[J]. Solid State Sciences, 87: 49-52.

Hung S F, Yu Y C, Suen N T, et al., 2016. The synergistic effect of a well-defined Au@Pt core–shell nanostructure toward photocatalytic hydrogen generation: interface engineering to improve the Schottky barrier and hydrogen-evolved kinetics[J]. Chemical Communications, 52: 1567-1570.

Jang W, Park J S, Lee K W, et al., 2018. Methane and hydrogen sensing properties of catalytic combustion type single-chip micro gas sensors with two different Pt film thicknesses for heaters[J]. Micro and Nano Systems Letters, 6(1): 7.

Jiang Z, Hao Z P, Yu J J, et al., 2005. Catalytic combustion of methane on novel catalysts benign from Cu-Mg/Al-hydrotalcites[J]. Catalysis Letters, 99(3-4): 157-163.

Jiang Z, Zhu J, Liu D, et al., 2014. In situ synthesis of bimetallic Ag/Pt loaded single-crystalline anatase TiO_2 hollow nano-hemispheres and their improved photocatalytic properties[J]. CrystEngComm, 16: 2384-2394.

Kachina A, Preis S, Kallas J, 2006. Catalytic TiO_2 oxidation of ethanethiol for environmentally benign air pollution control of sulphur compounds[J]. Environmental Chemistry Letters, 4(2): 107-110.

Kale M J, Christopher P, 2016. Utilizing quantitative in situ FTIR spectroscopy to identify well-coordinated Pt atoms as the active site for CO oxidation on Al_2O_3-supported Pt catalysts[J]. ACS Catalysis, 6: 5599-5609.

Karakurt I, Aydin G, Aydiner K, 2011. Mine ventilation air methane as a sustainable energy source[J]. Renewable & Sustainable Energy Reviews, 15(2): 1042-1049.

Kashin A, Ananikov V, 2011. A SEM study of nanosized metal films and metal nanoparticles obtained by magnetron sputtering[J]. Russian Chemical Bulletin, 60(12): 2602-2607.

Kiene R P, Visscher P T, 1987. Production and fate of methylated sulfur compounds from methionine and dimethylsulfoniopropionate in anoxic salt marsh sediments[J]. Applied and Environmental Microbiology, 53(10): 2426-2434.

Kim D H, Woo S I, Lee J M, et al., 2000. The role of lanthanum oxide on Pd-only three-way catalysts prepared by co-impregnation and sequential impregnation methods[J]. Catalysis Letters, 70(1): 35-41.

Kim H Y, Henkelman G, 2012. CO oxidation at the interface of Au nanoclusters and the stepped-CeO_2 (111) surface by the Mars–van Krevelen mechanism[J]. The Journal of Physical Chemistry Letters, 4(1): 216-221.

Kirschke S, Bousquet P, Ciais P, Saunois M, et al., 2013. Three decades of global methane sources and sinks[J]. Nature Geoscience, 6(10): 813-823.

Klikovits J, Napetschnig E, Schmid M, et al., 2007. Surface oxides on Pd(111): STM and density functional calculations[J]. Physical Review B, 76(4): 045405.

Kratzer P, Brenig W, 1991. Highly excited molecules from Eley-Rideal reactions[J]. Surface Science, 254(1): 275-280.

Kratzer P, Hammer B, Nφrskov J K, 1996. A theoretical study of CH_4 dissociation on pure and gold-alloyed Ni(111) surfaces[J]. The Journal of Chemical Physics, 105: 5595-5604.

Kumar K V, Porkodi K, Rocha F, 2008. Langmuir-Hinshelwood kinetics-a theoretical study[J]. Catalysis Communications, 9(1): 82-84.

Kumaresh S, Kim M Y, 2019. Numerical investigation of catalytic combustion in a honeycomb monolith with lean methane and air premixtures over the platinum catalyst[J]. International Journal of Thermal Sciences, 138: 304-313.

Lacroix L M, Huls N F, Ho D, 2011. Stable single-crystalline body centered cubic Fe nanoparticles[J]. Nano Letters, 11: 1641-1645.

Lan Y, Yang Z Q, Wang P, et al., 2019. A review of microscopic seepage mechanism for shale gas extracted by supercritical CO_2 flooding[J]. Fuel, 238: 412-424.

Lantaño B, Torviso M R, Bonesi S M et al., 2015. Advances in metal-assisted non-electrophilic fluoroalkylation reactions of organic compounds[J]. Coordination Chemistry Reviews, 285: 76-108.

Lapisardi G, Urfels L, Gélin P, et al., 2006. Superior catalytic behaviour of Pt-doped Pd catalysts in the complete oxidation of methane at low temperature[J]. Catalysis Today, 117(4): 564-568.

Larsson M, Gronkvist S, Alvfors P, 2016. Upgraded biogas for transport in sweden-effects of policy instruments on production, infrastructure deployment and vehicle sales[J]. Journal of Cleaner Production, 112: 3774-3784.

Lee Y W, Ko A R, Kim D Y, et al., 2012. Octahedral Pt-Pd alloy catalysts with enhanced oxygen reduction activity and stability in proton exchange membrane fuel cells[J]. RSC Advances, 2: 1119-1125.

Lee Y, Kim J, Yun D S, et al., 2012. Virus-templated Au and Au-Pt core-shell nanowires and their electrocatalytic activities for fuel cell applications[J]. Energy & Environmental Science, 5: 8328-8334.

Li B, Zhang Y, Ma D, et al., 2012. A strategy toward constructing a bifunctionalized MOF catalyst: post-synthetic modification of MOFs on organic ligands and coordinatively unsaturated metal sites[J]. Chemical Communications, 48: 6151-6153.

Li D Y, Li K Z, Xu R D, et al., 2018. Ce1-xFexO2-delta catalysts for catalytic methane combustion: Role of oxygen vacancy and structural dependence[J]. Catalysis Today, 318: 73-85.

Li K, Xu D J, Liu K, et al., 2019. Catalytic combustion of lean methane assisted by an electric field over mnxcoy catalysts at low temperature[J]. Journal of Physical Chemistry C, 123(16): 10377-10388.

Li L, He S, Song Y, et al., 2012. Fine-tunable Ni@ porous silica core–shell nanocatalysts: Synthesis, characterization, and catalytic properties in partial oxidation of methane to syngas[J]. Journal of Catalysis, 288: 54-64.

Li X Q, Zhang L, Yang Z Q, et al., 2020. Adsorption materials for volatile organic compounds(vocs) and the key factors for vocs adsorption process: A review[J]. Separation and Purification Technology, 1235: 116213.

Li Y, Yao L, Song Y, et al., 2010. Core-shell structured microcapsular-like Ru@SiO2 reactor for efficient generation of COx-free hydrogen through ammonia decomposition[J]. Chemical Communications, 46: 5298-5300.

Li Y, Li J, Zhang G, et al., 2019. Selective photocatalytic oxidation of low concentration methane over graphitic carbon nitride-decorated tungsten bronze cesium[J]. ACS Sustainable Chemistry & Engineering, 7(4): 4382-4389.

Liao M S, Au C T, Ng C F, 1997. Methane dissociation on Ni, Pd, Pt and Cu metal (111) surfaces—a theoretical comparative study[J]. Chemical Physics Letters, 272(5): 445-452.

Liu F X, Sang Y Y, Ma H W, et al., 2017. Nickel oxide as an effective catalyst for catalytic combustion of methane[J]. Journal of Natural Gas Science and Engineering, 41: 1-6.

Liu H Y, Zhang R G, Yan R X, et al., 2012. Insight into CH_4 dissociation on NiCu catalyst: A first-principles study[J]. Applied Surface Science, 258(20): 8177-8184.

Liu J J, Yang Z Z, Zhang L, 2014. Effect of Ni addition on the catalytic performance of Cu/γ-Al_2O_3 in the combustion of lean methane containing SO_2[J]. Journal of Fuel Chemistry and Technology, 42(10): 1253-1258.

Liu L, Zhou F, Wang L, et al., 2010. Low-temperature CO oxidation over supported Pt, Pd catalysts: Particular role of FeO_x support for oxygen supply during reactions[J]. Journal of Catalysis, 274: 1-10.

Losch P, Huang W X, Vozniuk O, et al., 2019. Modular pd/zeolite composites demonstrating the key role of support hydrophobic/hydrophilic character in methane catalytic combustion[J]. Acs Catalysis, 9(6): 4742-4753.

Lu X, Zhai T, Zhang X, et al., 2012. WO3-x@Au@MnO2 Core–Shell Nanowires on Carbon Fabric for High-Performance Flexible Supercapacitors[J]. Advanced Materials, 24: 938-944.

Lv C Q, Ling K C, Wang G C, 2009. Methane combustion on Pd-based model catalysts: Structure sensitive or insensitive?[J]. The Journal of chemical physics, 131 (14): 144704.

Lyubovsky M, Pfefferle L, 1998. Methane combustion over the α-alumina supported Pd catalyst: Activity of the mixed Pd/PdO state[J]. Applied Catalysis A: General, 173 (1): 107-119.

Ma L, Trimm D L, Jiang C, 1996. The design and testing of an autothermal reactor for the conversion of light hydrocarbons to hydrogen I. The kinetics of the catalytic oxidation of light hydrocarbons[J]. Applied Catalysis A: General, 138 (2): 275-283.

Ma L, Qin C L, Pi S, et al., 2020. Fabrication of efficient and stable Li_4SiO_4-based sorbent pellets via extrusion-spheronization for cyclic CO_2 capture[J]. Chemical Engineering Journal, 379.

Mann U, Frost D J, Rubie D C, et al., 2012. Partitioning of Ru, Rh, Pd, Re, Ir and Pt between liquid metal and silicate at high pressures and high temperatures-Implications for the origin of highly siderophile element concentrations in the Earth's mantle[J]. Geochimica et Cosmochimica Acta, 84: 593-613.

Mars P, van Krevelen D W, 1954. Oxidations carried out by means of vanadium oxide catalysts[J]. Chemical Engineering Science, 3: 41-59.

Martínez V C, Boldog I, Gaspar A B, et al., 2010. Spin crossover phenomenon in nanocrystals and nanoparticles of [Fe (3-Fpy) 2M (CN) 4] (MII= Ni, Pd, Pt) two-dimensional coordination polymers[J]. Chemistry of Materials, 22: 4271-4281.

McCarty J G, 1995. Kinetics of PdO combustion catalysis[J]. Catalysis Today, 26 (3): 283-293.

Mercera P D L, Van Ommen J G, Doesburg E M, et al., 1991. Zirconia as a support for catalysts Influence of additives on the thermal stability of the porous texture of monoclinic zirconia[J]. Applied Catalysis, 71 (2): 363-391.

Miao F F, Wang F F, Mao D S, et al., 2019. Effect of different reaction conditions on catalytic activity of La (Mn, Fe) O3+lambda catalyst for methane combustion[J]. Materials Research Express, 6 (5).

Muller O, Roy R, 1968. Formation and stability of the platinum and rhodium oxides at high oxygen pressures and the structures of Pt_3O_4, β-PtO_2 and RhO_2[J]. Journal of the Less Common Metals, 16 (2): 129-146.

Muto K, Katada N, Niwa M, 1996. Complete oxidation of methane on supported palladium catalyst: Support effect[J]. Applied Catalysis A: General, 134 (2): 203-215.

Nagaoka K, Seshan K, Aika K, et al., 2001. Carbon deposition during carbon dioxide reforming of methane—comparison between Pt/Al_2O_3 and Pt/ZrO_2[J]. Journal of Catalysis, 197 (1): 34-42.

Narui K, Yata H, Furuta K, et al., 1999. Effects of addition of Pt to PdO/Al_2O_3 catalyst on catalytic activity for methane combustion and TEM observations of supported particles[J]. Applied Catalysis A: General, 179 (1): 165-173.

Narui K, Yata H, Furuta K, et al., 1999. Effects of addition of Pt to PdO/Al_2O_3 catalyst on catalytic activity for methane combustion and TEM observations of supported particles[J]. Applied Catalysis A: General, 179 (1): 165-173.

Nattino F, Migliorini D, Bonfanti M et al., 2016. Methane dissociation on Pt (111): Searching for a specific reaction parameter density functional[J]. The Journal of Chemical Physics, 144 (4): 044702.

Nell J, O'Neill H C, 1996. Gibbs free energy of formation and heat capacity of PdO: A new calibration of the Pd-PdO buffer to high temperatures and pressures[J]. Geochimica et Cosmochimica Acta, 60 (14): 2487-2493.

Nilekar A U, Alayoglu S, Eichhorn B, et al., 2010. Preferential CO oxidation in hydrogen: reactivity of core-shell nanoparticles[J]. Journal of the American Chemical Society, 132: 7418-7428.

Niu R, Liu P, Li W, et al., 2019. High performance for oxidation of low-concentration methane using ultra-low Pd in silicalite-1 zeolite[J]. Microporous and Mesoporous Materials, 284: 235-240.

O' Connor F M, Boucher O, Gedney N C, et al., 2010. Possible role of wetlands, permafrost, and methane hydrates in the methane cycle under future climate change: A review[J]. Reviews of Geophysics, 48 (4).

Oetelaar L A, Nooij O W, Oerlemans S, et al., 1998. Surface segregation in supported Pd-Pt nanoclusters and alloys[J]. The Journal of Physical Chemistry B, 102 (18): 3445-3455.

Otto K, Haack L P, 1992. Identification of two types of oxidized palladium on γ-alumina by X-ray photoelectron spectroscopy[J]. Applied Catalysis B: Environmental, 1 (1): 1-12.

Pereira C, Pereira A M, Fernandes C, et al., 2012. Superparamagnetic MFe_2O_4 (M= Fe, Co, Mn) nanoparticles: tuning the particle size and magnetic properties through a novel one-step coprecipitation route[J]. Chemistry of Materials, 24: 1496-1504.

Persson K, Jansson K, Järås S G, 2007. Characterisation and microstructure of Pd and bimetallic Pd-Pt catalysts during methane oxidation[J]. Journal of Catalysis, 245 (2): 401-414.

Persson K, Ersson A, Colussi S, et al., 2006. Catalytic combustion of methane over bimetallic Pd–Pt catalysts: The influence of support materials[J]. Applied Catalysis B: Environmental, 66 (3): 175-185.

Pieck C L, Vera C R, Peirotti E M, et al., 2002. Effect of water vapor on the activity of Pt-Pd/Al_2O_3 catalysts for methane combustion[J]. Applied Catalysis A General, 226 (1): 281-291.

Pitchai R, Klier K, 1986. Partial oxidation of methane[J]. Catalysis Reviews-Science and Engineering, 28 (1): 13-88.

Pompeo F, Nichio N N, Souza M M, et al., 2007. Study of Ni and Pt catalysts supported on α-Al_2O_3 and ZrO_2 applied in methane reforming with CO_2[J]. Applied Catalysis A: General, 316 (2): 175-183.

Psofogiannakis G, St-Amant A, Ternan M, 2006. Methane oxidation mechanism on Pt(111): A cluster model DFT study[J]. The Journal of Physical Chemistry B, 110 (48): 24593-24605.

Pu Z Y, Liu Y, Zhou H, et al., 2017. Catalytic combustion of lean methane at low temperature over ZrO_2-modified Co_3O_4 catalysts[J]. Applied Surface Science, 422: 85-93.

Qi J, Chen J, Li G, et al., 2012. Facile synthesis of core–shell Au@ CeO_2 nanocomposites with remarkably enhanced catalytic activity for CO oxidation[J]. Energy & Environmental Science, 5: 8937-8941.

Qiao D S, Lu G Z, Mao D S, et al., 2011. Effect of ca doping on the performance of CeO_2-nio catalysts for CH_4 catalytic combustion[J]. Journal of Materials Science, 46 (3): 641-647.

Rades T, Pak C, Polisset-Thfoin M, et al., 1994. Characterization of bimetallic NaY-supported Pt-Pd catalyst by EXAFS, TEM and TPR[J]. Catalysis Letters, 29: 91-103.

Rettner C T, 1994. Reaction of an H-atom beam with Cl/Au(111): Dynamics of concurrent Eley–Rideal and Langmuir–Hinshelwood mechanisms[J]. The Journal of Chemical Physics, 101 (2): 1529-1546.

Reuter K, Scheffler M, 2001. Composition, structure, and stability of RuO_2(110) as a function of oxygen pressure[J]. Physical Review B, 65 (3): 035406.

Reyes P, Figueroa A, Pecchi G, et al., 2000. Catalytic combustion of methane on Pd-Cu/SiO_2 catalysts[J]. Catalysis Today, 62 (2): 209-217.

Ribeiro F H, Chow M, Dallabetta R A, 1994. Kinetics of the complete oxidation of methane over supported palladium catalysts[J]. Journal of Catalysis, 146 (2): 537-544.

Roberts G W, Satterfield C N, 1965. Effectiveness factor for porous catalysts. Langmuir-Hinshelwood kinetic expressions[J]. Industrial & Engineering Chemistry Fundamentals, 4 (3): 288-293.

Rogal J, Reuter K, Scheffler M, 2004. Thermodynamic stability of PdO surfaces[J]. Physical Review B, 69 (7): 075421.

Ruppel C, 2011. Methane hydrates and contemporary climate change[J]. Nature Education Knowledge, 2(12): 12.

Ryu C K, Ryoo M W, Ryu I S, et al., 1999. Catalytic combustion of methane over supported bimetallic Pd catalysts: Effects of Ru or Rh addition[J]. Catalysis Today, 47(1): 141-147.

Sakurai H, Yamaguchi T, Hiura N, et al., 2008. Oxidization characteristics of some standard platinum resistance thermometers[J]. Japanese Journal of Applied Physics, 47: 8071.

Schuur E G, Mcguire A D, Schadel C, et al., 2015. Climate change and the permafrost carbon feedback[J]. Nature, 520(7546): 171-179.

Schwartz W R, Ciuparu D, Pfefferle L D, 2012. Combustion of Methane over palladium-based catalysts: Catalytic deactivation and Role of the Support[J]. The Journal of Physical Chemistry C, 116(15): 8587-8593.

Seimanides S, Stoukides M, 1986. Catalytic oxidation of methane on polycrystalline palladium supported on stabilized zirconia[J]. Journal of Catalysis, 98(2): 540-549.

Seo M H, Choi S M, Kim H J, et al., 2011. The graphene-supported Pd and Pt catalysts for highly active oxygen reduction reaction in an alkaline condition[J]. Electrochemistry Communications, 13(2): 182-185.

Seriani N, Harl J, Mittendorfer F, et al., 2009. A first-principles study of bulk oxide formation on Pd (100)[J]. The Journal of Chemical Physics, 131(5): 054701.

Shang Z Y, Li S G, Li L, et al., 2017. Highly active and stable alumina supported nickel nanoparticle catalysts for dry reforming of methane[J]. Applied Catalysis B-Environmental, 201: 302-309.

Shao M, Yu T, Odell J H, et al., 2011. Structural dependence of oxygen reduction reaction on palladium nanocrystals[J]. Chemical Communications, 47: 6566-6568.

Sivan O, Antler G, Turchyn A V, et al., 2014. Orphan, Iron oxides stimulate sulfate-driven anaerobic methane oxidation in seeps[J]. Proceedings of the National Academy of Sciences, 111(40): E4139-E4147.

Somodi F, Peng Z, Getsoian A B, et al., 2011. Effects of the synthesis parameters on the size and composition of Pt–Sn nanoparticles prepared by the polyalcohol reduction method[J]. The Journal of Physical Chemistry C, 115: 19084-19090.

Song H M, Anjum D H, Sougrat R, et al., 2012. Hollow Au@ Pd and Au@ Pt core–shell nanoparticles as electrocatalysts for ethanol oxidation reactions[J]. Journal of Materials Chemistry, 22: 25003-25010.

Stein K C, Feenan J J, Thompson G P, et al., 1960. An approach to air pollution control - catalytic oxidation of hydrocarbons[J]. Industrial and Engineering Chemistry, 52(8): 671-674.

Szanyi J, Kwak J H, 2014a. Dissecting the steps of CO_2 reduction: 2. The interaction of CO and CO_2 with Pd/γ-Al_2O_3: an in situ FTIR study[J]. Physical Chemistry Chemical Physics, 16: 15126-15138.

Szanyi J, Kwak J H, 2014b. Dissecting the steps of CO_2 reduction: 1. The interaction of CO and CO_2 with γ-Al_2O_3: an in situ FTIR study[J]. Physical Chemistry Chemical Physics, 16: 15117-15125.

Tait S L, Dohnálek Z, Campbell C T, et al., 2005. Methane adsorption and dissociation and oxygen adsorption and reaction with CO on Pd nanoparticles on MgO(100) and on Pd(111)[J]. Surface Science, 591(1): 90-107.

Tao F, Grass M E, Zhang Y, et al., 2008. Reaction-driven restructuring of Rh-Pd and Pt-Pd core-shell nanoparticles[J]. Science, 322: 932-934.

Tao F, Grass M E, Zhang Y, et al., 2010. Evolution of structure and chemistry of bimetallic nanoparticle catalysts under reaction conditions[J]. Journal of the American Chemical Society, 132: 8697-8703.

Thevenin P O, Alcalde A, Pettersson L J, et al., 2003. Catalytic combustion of methane over cerium-doped palladium catalysts[J].

Journal of Catalysis, 215(1): 78-86.

Todorova M, Lundgren E, Blum V, et al., 2003. The Pd(100)-(5×5)R27°-O surface oxide revisited[J]. Surface Science, 541(1): 101-112.

Tomishige K, Kanazawa S, Suzuki K, et al., 2002. Effective heat supply from combustion to reforming in methane reforming with CO_2 and O_2: comparison between Ni and Pt catalysts[J]. Applied Catalysis A: General, 233(1): 35-44.

Toscani L M, Curyk P A, Zimicz M G, et al., 2019. Methane catalytic combustion over CeO_2-ZrO_2-Sc_2O_3 mixed oxides[J]. Applied Catalysis A: General, 587: 117235.

Trinchero A, Hellman A, Grönbeck H, 2013. Methane oxidation over Pd and Pt studied by DFT and kinetic modeling[J]. Surface Science, 616: 206-213.

Turlier P, Dalmon J A, Martin G A, et al., 1987. Non-porous stabilized ZrO_2 particles as support for catalysts[J]. Applied Catalysis, 29(2): 305-310.

van Giezen J C, Van den Berg F R, Kleinen J L, et al., 1999. The effect of water on the activity of supported palladium catalysts in the catalytic combustion of methane[J]. Catalysis Today, 47(1): 287-293.

van Hardeveld R, Hartog F, 1969. The statistics of surface atoms and surface sites on metal crystals[J]. Surface Science, 15(2): 189-230.

Wan J L, Fan A W, 2015. Effect of solid material on the blow-off limit of CH_4/air flames in a micro combustor with a plate flame holder and preheating channels[J]. Energy Conversion and Management, 101: 552-560.

Wang C B, Yeh C T, 2001. Oxidation behavior of alumina-supported platinum metal catalysts[J]. Applied Catalysis A: General, 209(1): 1-9.

Wang J, Li N, Anderoglu O, et al., 2010. Detwinning mechanisms for growth twins in face-centered cubic metals[J]. Acta Materialia, 58(6): 2262-2270.

Wang L, Yamauchi Y, 2010. Autoprogrammed synthesis of triple-layered Au@Pd@ Pt core-shell nanoparticles consisting of a Au@ Pd bimetallic core and nanoporous Pt shell[J]. Journal of the American Chemical Society, 132: 13636-13638.

Wang L, Yamauchi Y, 2011. Strategic synthesis of trimetallic Au@ Pd@ Pt core-shell Nanoparticles from poly(vinylpyrrolidone)-based aqueous solution toward highly active electrocatalysts[J]. Chemistry of Materials, 23: 2457-2465.

Wang L, Yamauchi Y, 2013. Metallic nanocages: synthesis of bimetallic Pt-Pd hollow nanoparticles with dendritic shells by selective chemical etching[J]. Journal of the American Chemical Society, 135: 16762-16765.

Wang X M, Du X S, Liu S J, et al., 2020. Understanding the deposition and reaction mechanism of ammonium bisulfate on a vanadia SCR catalyst: A combined dft and experimental study[J]. Applied Catalysis B-Environmental, 260: 118168.

Wei J, Iglesia E, 2004. Mechanism and site requirements for activation and chemical conversion of methane on supported Pt clusters and turnover rate comparisons among noble metals[J]. The Journal of Physical Chemistry B, 108(13): 4094-4103.

Wen Y, Cai B, Yang X, et al., 2020. Quantitative analysis of china's low-carbon energy transition[J]. International Journal of Electrical Power & Energy Systems, 119: 105854.

Westerström R, Messing M E, Blomberg S, et al., 2011. Oxidation and reduction of Pd(100) and aerosol-deposited Pd nanoparticles[J]. Physical Review B, 83(11): 115440.

Wu Y, Cai S, Wang D, et al., 2012. Syntheses of water-soluble octahedral, truncated octahedral, and cubic Pt-Ni nanocrystals and their structure-activity study in model hydrogenation reactions[J]. Journal of the American Chemical Society, 134(21): 8975-8981.

Xia X, Tu J, Zhang Y, et al., 2012. High-quality metal oxide core/shell nanowire arrays on conductive substrates for electrochemical energy storage[J]. ACS nano, 6(6): 5531-5538.

Xiang X P, Zhao L H, Teng B T, et al., 2013. Catalytic combustion of methane on La$_{1-x}$Ce$_x$FeO$_3$ oxides[J]. Applied Surface Science, 276: 328-332.

Xie S, Choi S I, Lu N, et al., 2014. Atomic layer-by-layer deposition of Pt on Pd nanocubes for catalysts with enhanced activity and durability toward oxygen reduction[J]. Nano Letters, 14(6): 3570-3576.

Xie W, Herrmann C, Kömpe K, et al., 2011. Synthesis of bifunctional Au/Pt/Au core/shell nanoraspberries for in situ SERS monitoring of platinum-catalyzed reactions[J]. Journal of the American Chemical Society, 133: 19302-19305.

Xie Z H, Liao Q K, Liu M Q, et al., 2017. Micro-kinetic modeling study of dry reforming of methane over the Ni-based catalyst[J]. Energy Conversion and Management, 153: 526-537.

Xie Z H, Yan B H, Zhang L, et al., 2017. Comparison of methodologies of activation barrier measurements for reactions with deactivation[J]. Industrial & Engineering Chemistry Research, 56(5): 1360-1364.

Xu J, Ouyang L, Mao W, et al., 2012. Operando and kinetic study of low-temperature, lean-burn methane combustion over a Pd/γ-Al$_2$O$_3$ catalyst[J]. ACS Catalysis, 2: 261-269.

Yan B H, Yang X F, Yao S Y, et al., 2016. Dry reforming of ethane and butane with CO$_2$ over PtNi/CeO$_2$ bimetallic catalysts[J]. ACS Catalysis, 6(11): 7283-7292.

Yan J M, Zhang X B, Akita T, 2010. One-step seeding growth of magnetically recyclable Au@ Co core-shell nanoparticles: highly efficient catalyst for hydrolytic dehydrogenation of ammonia borane[J]. Journal of the American Chemical Society, 132: 5326-5327.

Yan Q H, Nie Y, Yang R Y, et al., 2017. Highly dispersed Cu$_y$AlO$_x$, mixed oxides as superior low-temperature alkali metal and SO$_2$ resistant NH$_3$-SCR catalysts[J]. Applied Catalysis a: General, 538: 37-50.

Yan Y F, Wu G G, Huang W P, et al., 2019. Numerical comparison study of methane catalytic combustion characteristic between newly proposed opposed counter-flow micro-combustor and the conventional ones[J]. Energy, 170: 403-410.

Yang N T, Liu J W, Sun Y H, et al., 2019. Au@PdO$_x$ with aPdO$_x$-rich shell and Au-rich core embedded in Co$_3$O$_4$ nanorods for catalytic combustion of methane[J]. Nanoscale, 11(9): 4108-4109.

Yang Z Q, Yang P, Zhang L, et al., 2016. Experiment and modeling of low-concentration methane catalytic combustion in a fluidized bed reactor[J]. Applied Thermal Engineering, 93: 660-667.

Yin A X, Min X Q, Zhang Y W, et al., 2011. Shape-selective synthesis and facet-dependent enhanced electrocatalytic activity and durability of monodisperse sub-10 nm Pt-Pd tetrahedrons and cubes[J]. Journal of the American Chemical Society, 133: 3816-3819.

Yoshizawa K, 2001. Methane inversion on transition metal ions: A possible mechanism for stereochemical scrambling in metal-catalyzed alkane hydroxylations[J]. Journal of Organometallic Chemistry, 635(1-2): 100-109.

Yu L, Shao Y, Li D, 2017. Direct combination of hydrogen evolution from water and methane conversion in a photocatalytic system over Pt/TiO$_2$[J]. Applied Catalysis B: Environmental, 204: 216-223.

Yuan S J, Meng L J, Wang J L, 2013. Greatly improved methane dehydrogenation via Ni adsorbed Cu(100) surface[J]. Journal of Physical Chemistry C, 117(28): 14796-14803.

Zhan Y Y, Kang L, Zhou Y C, et al., 2019. Pd/Al$_2$O$_3$ catalysts modified with Mg for catalytic combustion of methane: Effect of Mg/Al mole ratios on the supports and active PdO$_x$ formation[J]. Journal of Fuel Chemistry and Technology, 47(10): 1235-1244.

Zhang C J, Hu P, 2002. Methane transformation to carbon and hydrogen on Pd (100): Pathways and energetics from density functional theory calculations[J]. Journal of Chemical Physics, 116(1): 322-327.

Zhang H, Jin M, Wang J, et al., 2011. Synthesis of Pd-Pt bimetallic nanocrystals with a concave structure through a bromide-induced galvanic replacement reaction[J]. Journal of the American Chemical Society, 133: 6078-6089.

Zhang N, Liu S, Fu X, et al., 2011. Synthesis of M@TiO$_2$ (M= Au, Pd, Pt) core–shell nanocomposites with tunable photoreactivity[J]. The Journal of Physical Chemistry C, 115: 9136-9145.

Zhang Q F, Wu X P, Zhao G F, et al., 2015. High-performance PdNi alloy structured in situ on monolithic metal foam for coalbed methane deoxygenation via catalytic combustion[J]. Chemical Communications, 51(63): 12613-12616.

Zhang Q, Li Y K, Chai R J, et al., 2016. Low-temperature active, oscillation-free PdNi(alloy)/ni-foam catalyst with enhanced heat transfer for coalbed methane deoxygenation via catalytic combustion[J]. Applied Catalysis B-Environmental, 187: 238-248.

Zhang R, Song L, Wang Y, 2012. Insight into the adsorption and dissociation of CH$_4$ on Pt (hkl) surfaces: A theoretical study[J]. Applied Surface Science, 258(18): 7154-7160.

Zhang Y X, Doroodchi E, Moghtaderi B, et al., 2016. Hydrogen production from ventilation air methane in a dual-loop chemical looping process[J]. Energy & Fuels, 30(5): 4372-4380.

Zhang Y, Hsieh Y C, Volkov V, et al., 2014. High performance Pt monolayer catalysts produced via core-catalyzed coating in ethanol[J]. ACS Catalysis, 4: 738-742.

Zhang Z E, Yan Y F, Zhang L, et al., 2014. Theoretical study on CO$_2$ absorption from biogas by membrane contactors: Effect of operating parameters[J]. Industrial & Engineering Chemistry Research, 53(36): 14075-14083.

Zhang Z E, Yan Y F, Wood D A, et al., 2015. Influence of the membrane module geometry on SO$_2$ removal: A numerical study[J]. Industrial & Engineering Chemistry Research, 54(46): 11619-11627.

Zhang Z S, Hu X, Zhang Y B, et al., 2019. Ultrafine pdox nanoparticles on spinel oxides by galvanic displacement for catalytic combustion of methane[J]. Catalysis Science & Technology, 9(22): 6404-6414.

Zhang Z, Cai J C, Chen F, et al., 2018. Progress in enhancement of CO$_2$ absorption by nanofluids: A mini review of mechanisms and current status[J]. Renewable Energy, 118: 527-535.

Zhao X Y, Li H R, Zhang J P, et al., 2016. Design and synthesis of NiCe@M-SiO$_2$ yolk-shell framework catalysts with improved coke- and sintering-resistance in dry reforming of methane[J]. International Journal of Hydrogen Energy, 41(4): 2447-2456.

Zhu G, Han J, Zemlyanov D Y, et al., 2005. Temperature dependence of the kinetics for the complete oxidation of methane on palladium and palladium oxide[J]. The Journal of Physical Chemistry B, 109(6): 2331-2337.

Zhu W J, Jin J H, Chen X, et al., 2018. Enhanced activity and stability of La-doped CeO$_2$ monolithic catalysts for lean-oxygen methane combustion[J]. Environmental Science and Pollution Research, 25(6): 5643-5654.

Zhuang Z, Sheng W, Yan Y, 2014. Synthesis of monodisperse Au@Co$_3$O$_4$ core-shell nanocrystals and their enhanced catalytic activity for oxygen evolution reaction[J]. Advanced Materials, 26: 50-3955.

附录 I 全书主要符号意义

符号	意义	单位
F_{input}	某组分进气流量	mL/min
P_X	某组分气体分压	kPa
P_{atm}	常压	101.325kPa
σ	流量计标定系数	
F_{total}	进气总流量	mL/min
$F_{A,in}$	进口某组分摩尔流量	mol/min
$F_{A,out}$	出口某组分摩尔流量	mol/min
r_A	反应腔内某组分反应速率	mol/min
x	转化率	
A_0	指前因子	$kPa^{-1} \cdot s^{-1}$
E_a	表观活化能	kJ/mol
$C_{A,in}$	物质 A 进口浓度	mol/L
$C_{B,in}$	物质 B 进口浓度	mol/L
V	体积	L
T	温度	℃
R	通用气体常数	8.314 J/(mol·K)
$r_{ex,eq}$	静平衡条件下的交换速率	mol/(g·s)
$r_{ex,ss}$	准稳态条件下的交换速率	mol/(g·s)
k_{O_1f} , k_{O_1r}	氧分子吸附的正逆反应速率常数	
k_{O_2f} , k_{O_2r}	氧分子解离的正逆反应速率常数	
k_{*-*}	反应区间 A 的速率常数	$kPa^{-1} \cdot s^{-1}$
k_{O*-*}	反应区间 B 的速率常数	$kPa^{-1} \cdot s^{-1}$
k_{O*-O*}	反应区间 C 的速率常数	$kPa^{-1} \cdot s^{-1}$
$Sites_{Pt_{surf}, Pt-Pd, X}$	双金属催化剂中表面 Pt 位点量	mol/g
$Sites_{Surf}(Pt)$	单质 Pt 晶粒表面 Pt 位点量	mol/g
$I_{Pt}(Pt-Pd)$	双金属催化剂中表面 Pt 积分强度	
$I_{Pt}(Pt)$	单质 Pt 晶粒表面 Pt 积分强度	

符号	意义	单位
$n_{M,\,\text{surf}}$	表面催化位点量	mol/g
$n_{\text{surf total},\,X}$	双金属催化剂表面全位点数量	mol/g
$n_{\text{surf Pt, norm},\,X}$	双金属催化剂中表面 Pt 位点量	mol/g
$r_{\text{CH}_4,\,M,\,\text{PdPt}}$	全表面位点反应速率	mol/(g·s)
$r_{\text{CH}_4,\,M,\,\text{PdPt}}'$	真实位点反应速率	mol/(g·s)
$S_{\text{Pt, iso}}$	单质 Pt 晶粒表面积	m^2
$d_{\text{Pt, iso}}$	单质 Pt 晶粒粒径	m
$N_{\text{Pt, iso}}$	单质 Pt 晶粒个数	g^{-1}
$n_{\text{Pt, Pt iso}}$	单质 Pt 晶粒中 Pt 原子总量	mol/g
$n_{\text{Pt, Pt-Pd}}$	合金晶粒中 Pt 原子总量	mol/g
$n_{\text{surf Pd, norm}}$	合金晶粒表面 Pd 原子总量	mol/g
$S_{\text{Pt-Pd}}$	合金晶粒表面积	m^2
$d_{\text{Pt-Pd}}$	合金晶粒粒径	m
$N_{\text{Pt-Pd}}$	合金晶粒个数	g^{-1}
k_{Pd}	Pd 表面原子浓度	m^{-2}
k_{Pt}	Pt 表面原子浓度	m^{-2}
$V_{\text{Pt-Pd}}$	合金晶粒体积	m^3
d_{sph}	与十四面体晶体体积相等的球体所对应的半径	m^{-1}
d_{at}	晶胞中的原子直径	m^{-1}
n_{total}^*	单个晶体颗粒中的原子总量	mol
V_{u}	晶胞体积	m^3
N_{total}^*	规则晶粒模型计算出的晶体颗粒总原子数量	mol
N_{bulk}^*	规则晶粒模型计算出的晶体颗粒内部原子数量	mol
N_{surf}^*	规则晶粒模型计算出的晶体颗粒表面原子数量	mol
m	棱位置处的原子个数	
ρ_{Pt}	Pt 晶粒的密度	g/cm^3
ρ_{Pd}	Pd 晶粒的密度	g/cm^3
M_{Pt}	Pt 元素的摩尔质量	g/mol
M_{Pd}	Pd 元素的摩尔质量	g/mol